파이
미로

· 판타지 수학소설 ·

파이 미로

MATHeARTH의 운명이 결정되는 그날 D-13

김상미 지음

궁리
KungRee

수학은 무엇일까?

질문을 품고

수학을 공부하는 사람이

많아지길 바라며

프롤로그

∵

라틴어로 된 신화, 한자로 된 역사서 그리고 지금은 잊힌 수많은 문자로 쓰인 철학책들. 도서관 4층은 사람들이 잘 읽지 않은 장서를 모아둔 곳이다. 은밀한 지식들이 무거운 숨을 쉬는 이곳과는 어울리지 않는 어린아이가 도서관을 헤매고 있었다. 이윽고 아이는 무엇인가를 발견했다는 듯 저 높은 곳에 있는 책에 손을 내밀었다. 그리고 구석진 그 자리에 그대로 앉아 우연히 발견한 얇은 책 한 권에 빠져들었다.

B612
P38

버뮤다 삼각지대의 비밀스런 공간 너머에는 지구상의 지도에는 존재하지 않는 ∞ 모양을 한 섬 MATHeARTH가 있다. 직접 본 사람이 얼마나 존재하는지는 정확히 알려져 있지 않다. 이곳에 사는 종족들은 MATHeARTH와 비밀스런 통로로 연결된 바깥세상을 '지구'라고 불렀다. MATHeARTH에서 일어나는 일은 버뮤다 삼각지대의 비밀스런 통로를 통해 '지구'에 영향을 미쳤다. MATHeARTH의 1년은 지구의 7년이었다.

MATHeARTH에는 5종족이 살고 있다. 끊임없는 새로운 영감으로 인류를 구원할 수학을 찾아 연구하는 인피니트족*, 인피니트족이 만든 연구물을 다른 종족에게 이해하기 쉽게 전하는 매스티치족**, 수학을 이용하여 생활에 직접적으로 필요한 물건을 만드는 프래그머티족***, 그리고 수학을 단순히 소비하는 매슈머족****이다. 처음에는 서로 다른 종족과 혈통이 섞이는 것을 반대했지만 시간이 지나면서 서로의 다름을 그대로 인정하고 존중하게 되었으며 종족 간 결혼도 허락되었다. 이 네 종족은 다들 수

* 인피니트(infinite)족
** 매스티치(mathteach)족
*** 프래그머티(pragmati)족
**** 매슈머(mathumer=math+consumer)족

학이라는 연결고리를 갖고 각자의 철학을 지키면서 살았다. 그러나 나머지 한 종족은 네 종족과 확연히 구분되는 돌연변이였다. 그들은 노소트족***** 으로 생각하는 것을 너무 싫어해서 수학을 원수로 알며 본능대로 살았다. 주변에 좋은 친구가 생각을 대신 해줄 때는 다행이지만 그 반대인 경우는 매우 위험한 역할을 할 수도 있는 종족이었다.

이 MATHeARTH에 지구 달력으로 1944년 7월 31일 생텍쥐페리라는 비행사 한 명이 들어왔다. 사실 생텍쥐페리는 MATHeARTH의 종족으로 그의 조상은 프래그머티족의 철학을 좋아하는 인피니트족이었다. 어릴 적부터 비행기를 무척 좋아했고 비행기를 따라 달려가다가 버뮤다 삼각지대의 알 수 없는 비밀통로를 통해 우연히 지구로 나갔던 것이다. 들어올 수 있는 입구를 찾지 못한 채 지구에서 살다가 성인이 되어서야 다시 돌아오게 되었다.

생텍쥐페리가 다시 돌아온 MATHeARTH는 예전과 달리 무

***** 노소트(nothought)족

척 혼란스러웠다. 수학에 대한 철학의 서로 다름을 존중하고 균형을 유지하며 살던 이전의 모습은 찾아볼 수가 없었다. 그 혼란의 시작엔 매슈머족이 있었다. 수학을 소비했던 매슈머족은 수학을 연구하는 인피니트족과 가르치는 매스티치족에 비해 자신들은 늘 보잘것없다는 열등감이 있었다. 나머지 종족들은 그렇게 생각하지 않았지만 매슈머족 스스로 갖는 자격지심이었다. 그러던 그들이 인피니트족과 매스티치족과의 교류를 끊고 노소트족과 합치면서 새로운 수학을 연구하거나 가르치고 배우는 일은 쓸모없다는 생각을 매우 강하게 주장하기 시작했다.

그들에게는 인피니트족과 매스티치족 후손들의 입에서 "수학 공부를 해서 뭐해요?", "수학 공부를 해서 어디에 써먹어요?"라는 말이 나오게 만들려는 야심이 있었다. 그 야심을 실행하기 위해 프래그머티족의 재능을 교묘하게 이용하여 생각하는 과정 없이 답을 얻는 인스턴트 수학 제품을 만들고자 했다.

매슈머족은 수학은 좋은 학교에 들어가기 위해서만 필요하다는 왜곡된 시각을 주입하는 광고를 시작으로 먹기만 하면 원리를 몰라도 답을 구할 수 있는 각 영역별 포뮬러버거, 생각하지 않아도 무조건 이렇게 풀면 된다고 알려주는 노하우 주스, 손가

락으로 버튼 하나만 누르면 쉽게 계산도 되고 미래를 예측할 수도 있는 상품을 줄기차게 만들어냈다. 고민 없이 수학을 쉽게 소비할 수 있는 이런 제품들은 인피니트족과 매스티치족의 새로 태어나는 아이들의 정신을 흔들기 시작했다.

인피니트족과 매스티치족은 매슈머족의 야심을 처음부터 알았다. 하지만 그들에게 수학은 스스로 생각하는 힘을 기르는 가장 위대한 학문이라는 철학이 있었다. 매슈머족이 아무리 생각이 빠진 인스턴트 수학 제품을 팔아도 자신의 후손들은 쉽게 설득되지 않을 거라는 자신감이 있었기에 매슈머족의 전략에 심각하게 대응하지 않았다. 그들은 매슈머족이 만드는 인스턴트 수학 제품은 수학의 철학이 빠진 껍데기에 불과하다고 생각했다. 그리고 그렇게 말도 안 되는 제품은 곧 사라질 것이라 생각했다. 하지만 인피니트족과 매스티치족의 후손들은 생각보다 너무 쉽게 매슈머족이 만든 제품에 넘어갔다. 그 제품들에 중독되어 수학의 원리로 좀 더 새로운 것을 창조해내야겠다는 인피니트족 DNA에 있는 본질적인 탐구 욕구가 거세됐다.

그 결과 인피니트족의 후손들은 인스턴트 수학에 빠져 수학을 깊이 있게 공부하지 않게 되었고 매스티치족의 후손들은 남을 가르쳐봤자 '생각하기 힘든 걸 왜 배워야 하느냐'는 원성을 듣고 그에 상처를 받아 누군가를 가르치는 일에 인색해졌다. 프래그머티족의 후손들 역시 매슈머족이 요구하는 생각을 없애는 수학 제품을 만들어주는 데 자신들의 재능을 사용했다.

세력을 확장한 매슈머족과 노소트족은 나머지 종족의 철학을 약화시킬 수 있는 더 달콤한 인스턴트 수학 제품을 만들기 위해 열을 올렸다. 하지만 아이러니하게도 더 달콤하게 유혹하는 제품을 만들고 싶을수록 더 깊은 수학이 필요했다. 그래서 인피니트족과 매스티치족을 지하세계에 가두어 노예로 부렸다. 더 달콤한 제품을 만드는 원료가 될 수학이론을 찾아내고 자신들이 그 내용을 이해할 때까지 설명하도록 시켰다. 그러다가 더 이상 자신들에게 새로운 수학이론이나 아이디어를 주지 못한다고 판단되면 가두어버릴 계획을 세웠다.

그 계획을 위해 매슈머족은 한번 들어가면 빠져나올 수 없는 복잡한 감옥을 만들어줄 것을 프래그머티족에게 부탁했다. 프래그머티족은 파이의 불규칙한 무한소수의 원리를 이용하여 빠져나갈 수 없는 미로를 만들고 그 미로를 파이미로라고 불렀다. 파이미로는 파이의 불규칙한 수의 배열대로 거대한 돌이 쌓여 만들어지는 것으로 옆에서 보면 오르락내리락하는 모습이 빌딩숲의 스카이라인 같았다. 차곡차곡 쌓인 무한한 돌의 배열을 위에서 내려다보면 그 규모의 장엄함이 마치 지구의 그랜드캐니언과도 같았다. 그 거대한 규모의 무한한 돌을 빠져나오는 것은 불가능해 보였다. 파이미로는 패턴을 예측할 수 없고 무한히 계속되는 길이기에 입구로 들어가기는 쉬워도 빠져나간다는 것은 전혀 생각할 수 없었다. 프래그머티족이 만든 파이쿠키를 먹으면 파이미로에 갇히는 꿈을 꾸게 되고 그 꿈에서 깨어나지 못하면 영원히 파이미로에 갇히게 되었다. 프래그머티족은 자신들이 만든 파이미로에서 빠져나올 수 있는 해법을 몇 명의 매슈머족에게만 말로 전해주고 기록을 남기지 않았다. 파이미로가 완성된 후에 매슈머족들은 쓸모가 없어진 인피니트족과 매스티치족을 그 안에 가두었다.

더 이상 골치 아픈 수학을 생각할 필요 없이 그냥 만들어놓은 인스턴트 수학만 소비하면서 흥청망청 본능에 충실하며 사는 혼란스런 시기에 생택쥐페리가 MATHeARTH로 돌아온 것이다.

돌아오기 전까지 그는 지구에 있던 유일한 인피니트족이었다.

어른이 되어서도 순수한 마음을 간직하고 있던 생텍쥐페리는 이 모든 상황이 너무 가슴 아팠다. 자신의 종족을 위해 무엇을 할 수 있을까 고민하던 중 이 어려움을 해결할 지혜를 얻기 위해 위험을 무릅쓰고 자신의 종족을 찾아 지하세계로 들어갔다. 프래그머티족의 철학을 잘 알고 있던 생텍쥐페리는 자신이 인피니트족임을 숨기고 프래그머티족 행세를 하며 다녔다. 아직 파이미로에 갇히지 않은 인피니트족을 찾아 헤매던 중 인피니트족의 위대한 스승인 칸토어를 만날 수 있었다.

"자네가 찾아올 줄 알았네. 매슈머족들에게 내 쓸모가 다해 파이미로에 갇히기 전에 자네를 만나게 되어 정말 다행이야. 하지만 나와 오래 이야기하는 모습을 보이면 아무리 자네가 프래그머티족 행세를 한다 해도 의심을 받게 될 걸세."

"어떻게 해야 MATHeARTH 세상의 혼란을 바로잡을 수 있을까요?"

생텍쥐페리가 절실하게 물었다.

"순수함뿐이라네."

"순수함이요?"

생텍쥐페리는 칸토어의 말씀을 도무지 이해할 수 없었다.

"사실 우리도 상황이 이렇게 악화될지 몰랐다네. 우리 종족이 상종도 하지 않았던 매슈머족과 노소트족의 지배를 받게 되다니 말이야. 하지만 문제는 이곳의 이런 기운이 비밀스런 통로를 통해 자네가 살다온 지구에도 서서히 퍼지게 된다는 거네. 수학이 필요 없다는 생각이 지구에 퍼지면 행성 간의 연결고리도 끊어지고 전 우주의 흐름이 막히게 되겠지. 무한을 대상으로 한 생각은 사라지고 우리나 지구의 사람들이나 무한을 다스릴 수 없게 될 걸세."

"이런 상황을 해결할 방법은 없는 건가요?"

"자네가 여기를 나가서 그를 도와주게."

"누굴 도우면 되는 건가요?"

"지하세계로 갇히기 전에 우리는 매스티치족에서 가장 현명한 자를 비밀스런 통로로 보냈다네. 자네가 나갔고 또 자네가 들어왔던 그 통로로 말일세. 그 자도 자네가 그랬던 것처럼 지구에서 평범한 사람으로 살아갈 것이네. 어느 곳에 어떤 모습으로 정착할지는 몰라도 그 자가 해야 할 일은 이미 정해져 있다네. 순수한 마음으로 수학을 사랑하고 즐기는 사람들이 많아지도록 평생 노력해야 하는 것이지. 그 자가 인피니트족과 매스티치족 철학의 씨앗을 뿌리면 그 씨앗은 성장해서 또 다른 씨앗을 뿌리게 될 걸세. 그러한 과정을 거쳐 인피니트족과 매스티치족의 철학을 가진 자가 부활의 수 6174를 채우게 되는 해, 지구에 뿌려진 수학에 대한 순수함과 열정이 버뮤다지대의 신비한 통로를 통해 우리에게 전해지면 MATHeARTH도 예전의 질서를 찾을 수 있을 것이네."

"하지만 버뮤다 삼각지대의 신비한 통로는 MATHeARTH에서 일어나는 일이 '지구'에 영향을 미치는 길이 아닌가요?"

생텍쥐페리가 물었다.

"자네 말대로 평소에는 그 통로를 통해 MATHeARTH에서 일어나는 일이 '지구'에 영향을 미치지만 1년 중 하루 지구의 기운이 MATHeARTH로 들어오는 날이 있다네. 우리는 그날을 활용해야 하는 걸세."

"그날이 언제죠?"

"지구의 1년은 365일로 10과 11과 12의 제곱의 합으로 이루어져 있지. 100일이 지나고 121일째가 되는 날은 앞과 뒤의 구분이 없는 회문숫자 121의 기운을 받게 된다네. 그날은 뫼비우스의 띠처럼 공간의 안과 밖이 없어지고 자연스럽게 두 세계가 하나로 이어지기 때문에 지구의 기운이 강하게 MATHeARTH로 들어올 수 있게 되지. 윤년이 아니라면 그날은 매년 8월 9일이 된다네."

"그렇군요."

새로운 사실을 알게 된 생텍쥐페리는 앞으로 알게 될 사실들이 감당할 수 없는 것일지도 모른다는 생각에 겁이 났다.

"또 한 가지! 자네 혹시 MATHeARTH로 돌아온 시간을 기억하나?"

"13시였죠."

"매일 13시가 연결된 통로의 문이 열리는 시간이기에 두 세계의 이동은 그 시간에 일어난다는 걸 알아두게."

"그러니까 결국 저는 무엇을 하면 되는 건가요?"

"그 자가 부활의 수 6174명을 채우게 되는 해에 비밀스런 통로의 입구에서 그가 보내는 부활의 기운을 가장 먼저 맞이해주게. 매슈머족이 자네보다 먼저 통로 앞에 서는 일은 없어야 하네."

"그럼 매년 8월 9일 13시에 비밀스런 통로의 문 입구에서 지구에서 오게 될 부활의 기운을 가장 먼저 맞이하도록 기다리고 있으면 되는 건가요?"

"그렇지. 만약 그 해가 8월 9일 13시까지 부활의 수 6174를 채운 해라면 통로의 문이 열리면서 MATHeARTH와 지구를 연결하는 거대한 섬광을 띤 나선 모양의 계단이 생기게 될 걸세. 계단의 끝에는 물론 자네와 그가 서게 되겠지. 그리고 그 연결통로를 통해 지구로부터 우리 종족의 부활을 돕는 기운이 전해질 걸세. 거대한 빛의 소용돌이는 MATHeARTH 섬의 ∞ 모양으로 춤을 출 걸세. 지구와 MATHeARTH가 연결되는 그 짧은 순간, 자네는 수학이 다루는 무한의 자유로운 움직임을 눈으로 볼 수 있게 되지. 그리고 자네가 다시 이 세상에 돌아오게 된 것처럼 그 자는 그 계단을 통해 다시 이 세상으로 돌아올 수 있게 될 걸세. 물론 그 자는 선택할 수 있네. 다시 이 세상으로 올지 아니면 그 세상에서 그대로 살지. 하지만 반드시 기억해야 할 것이 있네."

"그게 뭐죠?"

"자네가 타고 온 비행기 번호 38을 거꾸로 한 수 83과 더하면 121이 되는데 이는 늦어도 자네 나이가 121세 되는 해까지는 부활의 수가 채워져야 한다는 걸세. 이 일이 성공하는 날 자네 역시 자네가 타고 온 비행기를 타고 거꾸로 지구로 돌아갈 수 있게 된다네."

“제 나이가 121세가 되는 해는 77년 후인 2021년이에요. 그때까지 제가 살아 있을까요?”

“염려 말게. 지구 달력과 MATHeARTH의 달력은 7배의 차이가 있으니 지구 달력의 77년 후는 우리 시간으로 11년 후에 불과하네.”

“그런데 이토록 중요한 미션에 왜 제가 관련되어 있나요?”

생텍쥐페리는 이 모든 사실이 혼란스러웠다.

“무엇보다 어른이 돼서도 마음속에 어린왕자를 품고 있는 자네라면 순수함을 다시 찾아야 이뤄질 수 있는 이 일에 가장 적합한 인피니트족이 아니겠는가? 더구나 지금은 지하에 갇히지 않은 유일한 인피니트족이 아닌가?”

어깨가 무거워진 생텍쥐페리는 칸토어와 이야기를 더 나눌 시간이 없음을 직감하고 마지막으로 물었다.

“2021년 8월 9일 13시까지 매스티치족의 그 자가 부활의 수 6174명을 채울 수 있을까요?”

어린아이는 다음 이야기를 더 읽고 싶었지만 도서관 문을 닫는 시간이 되어 책을 덮었다. 그리고 자신의 기억이 날아갈까 매우 빠른 속도로 집으로 달려가 그림일기에 자신이 본 파이미로의 모습을 그렸다. 그 아이의 선생님은 그날 그림일기를 검사하며 "참 독창적인 상상력으로 지어낸 글과 그림"이라는 칭찬을 적었다. 그 아이는 성장하면서 라틴어도 잊고 파이미로도 잊었다. 하지만 파이미로를 잊지 않기 위해 빨리 달렸던 것을 아이의 몸은 기억하고 있었다.

그 아이가 두고 간 그 책은 또 다른 아이가 읽게 되었고, 그 아이는 책 속에 나오는 파이미로를 머릿속에 새겨 넣었다. 그리고 성장해가면서도 심심할 때면 머릿속에서 파이미로를 꺼내어 장난감처럼 갖고 놀았다.

차례

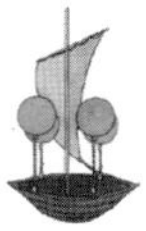

· 공고 ·

"이번 수강생은 내 연구소 출입문의 잠금 패턴을 풀고 들어오는
선착순 11명의 학생들이 될 것이다.
다음 일정한 간격으로 놓인 9개의 점을
A에서 B까지 선분으로 이은 가장 긴 연결선을 찾아보시오.

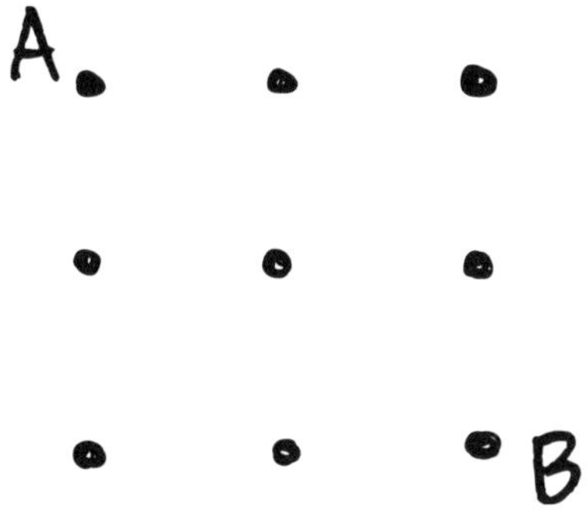

단, A와 B점은 한 선으로만 연결되며 선끼리는 만날 수 있다.
기회는 한 번뿐임."

– 수학교사 프로도 –

공지 내용을 스마트폰으로 찍고 있는 아이, 멍하게 들여다보고 있는 아이, 종이에 문제를 적는 아이 등 공고문 앞에서 아이들이 북적이고 있었다.

c 크로네커 오! 드디어 공고가 떴군. 가장 흥미진진한 강좌의 수강신청 미션! 테리야, 너 도전할 거야?

t 테리 당연히 도전하지. 나 이제 추천서 받아야 하는데 프로도샘같이 유명한 샘의 추천서만 받으면 완전 이득이 아니겠어?

M 매트 테리! 어떻게든 자기 이익 차리는 데는 둘째가라면 서럽지.

c 크로네커 자기 이익을 차리는 게 뭐 나쁜 건가? 거기다 테리는 실력도 있잖아.

M 매트 어련하시겠나, 크로네커. 아크만, 넌 어때?

A 아크만 내가 빠지면 싱거운 게임이 될 테니, 존경하는 프로도샘을 위해서라도 내가 나서야 되겠지.

같은 반 학생인 크로네커, 테리, 매트, 아크만이 프로도샘의 공고가 붙은 벽 아래서 이야기를 나누고 있었다. 이때 멀리서 3반의 이단, 마크, 에이리, 티몬, 하울이 아이들의 웅성거림에 관심을 기울였다.

a 에이리 2반 아이들인데 왜 저러지? 우리 가볼까?

e 이단 무슨 일인데 이리 소란스럽냐?

m 마크 앗! 프로도샘 수강신청 공고미션이 떴나보네!

2반 아이들을 바라보며 에이리가 말했다.

a 에이리 너희 모두 도전해보려고?

m 마크 티몬! 우리 학교 최고의 수학우등생인데 당연히 하겠지?

T 티몬 음, 글쎄…….

e 이단 난 엄마한테 물어봐야 해. 딴짓한다고 혼날 수도 있어.

이때 I가 지나가다가 웅성대는 아이들 곁으로 왔다.

I 아이 이게 도대체 뭔데 그러니? 좀 물어봐도 될까?

다가온 I에게 하울이 관심을 보이며 친절하게 답을 해주었다.

H 하울 응. 전학생, 어서 와! 너도 한번 도전해보지 그래. 우리 학교에 엄청 유명한 수학샘이 계시거든? 그 샘 강의는 한 번 들으면 뇌가 자동 정렬되는 느낌이랄까? 엉켜 있던 개념이 정리되고 머리에 길을 열어준다고들 하지. 그래서 수강신청이 치열한데 매년 8월 9일 시작하는 강좌에 항상 적은 인원만 모집하셔. 늘 미션을 주고 그것을 통과하는 아이들이 강의를 듣게 되지. 그래서 지금 그 미션에 대해 말하고 있는 거야.

I 아이 그렇게 잘 가르치셔? 난 수학을 정말 잘하고 싶은데 늘 막히는 느낌이거든. 그런 분이 있다면 나도 꼭 한 번 듣고 싶다.

H 하울 그럼 너도 도전해봐. 누구나 다 도전할 수 있어. 나도 할 건데 같이 해볼래?

I 아이 나야 좋지만, 같이 하면 내가 짐이 될 거야. 너는 수학을 잘하는 것 같던데.

H 하울 내가? 무슨 그런 근거 없는 소리를 하니?

I 아이 오늘 수업시간에 너 칠판 앞에 나가서 풀었잖아. 그 문제 난 풀지 못했거든.

H 하울 아! 그건 내가 학원에서 이미 배웠던 거라……. 처음엔 나도 못 풀었어. 난 완전 학원빨이야. 안 그래도 지금 학교 끝나고 바로 학원에 가야 하는 불쌍한 신세지.

I 아이 난 학원을 다녀도 잘 안 되더라고.

I는 머쓱한 표정을 지었다.

I 아이 그런데 그렇게 수학을 잘 가르치시는 분인데 이렇게 매번 문제를 내시면 수학을 잘하는 아이들만 듣게 되는 건 아니야? 나 같은 아이는 들을 수가 없겠네.

옆에서 I와 하울의 이야기를 우연히 들은 매트가 살짝 끼어들었다.

M 매트 그건 아니야. 프로도샘은 많은 수학지식이 필요한 문제보다는 즐기면서 풀 수 있는 문제를 내셔. 수학을 즐길 수 있느냐를 중요하게 여기시지.

T 티몬 당분간 프로도샘 연구실 앞에 불이 나겠구나. 모르긴 해도 진담 반 장난 반으로 다들 패턴 풀어볼걸? 패턴이야 우

리가 만날 푸는 거니까. 딱딱한 수학문제와 달리 쉬워 보이잖아.

A 아크만　　그래도 신중한 게 좋을 듯해. '기회는 한 번뿐임'이라고 쓰여 있거든.

H 하울　　시행착오는 머리로 하고 정답만 입력하라는 말씀이시지. '생각하고 행동하라!' 이 말이 프로도샘의 단골 멘트잖아. 어때, 전학생 너도 해볼 거야?

I 아이　　너희들이 이렇게 설레하는 것을 보니 뭔가 되게 재미있을 것 같은데, 난 역시 안 될 거야. 모르겠어.

아이들은 서로 인사를 하며 헤어졌다. 공고가 적힌 종이의 잉크가 마르기도 전에 프로도샘 수강신청 미션의 시작은 학생들의 입과 입으로 학교 모든 곳에 퍼졌다. 강의가 언제 열리는지를 기다렸던 학생은 물론 도전조차 하지 않을 학생도 올해 프로도샘 미션의 답이 무엇일지 그리고 수업을 듣게 될 학생들은 누가 될지에 관심을 가졌다. 한 무리의 아이들이 가고 나면 또 그만큼의 학생들이 와서 프로도샘의 미션을 스마트폰에 담아갔다.

아이들이 모두 빠져나가고 학교에 있는 사람이 거의 없을 즈음 한 학생이 프로도샘의 공지를 쳐다봤다. 그리고 한마디 툭 내뱉었다.

"싱거운 문제군!"

D-12 시도

미션 공고 후 하루가 지났다.

매트와 크로네커가 급하게 교실로 뛰어오자마자 동시에 말했다.

+ 매트, 크로네커 야! 소식 들었어? 벌써 한 명이 나왔던데.

A 아크만 벌써? 어제 공지했는데?

t 테리 와! 누구야?

c 크로네커 모르겠어, 거기까지는.

M 매트 프로도샘 연구실 앞에 좌석이 하나 칠해졌어. 그것은 이미 한 자리는 채워졌다는 거지.

A 아크만 와…… 누구냐! 난 어제 8개 선분까지 이어진 길을

찾고 눈치보고 있는데…….

c 크로네커 누군지 대단하다! 사실 난 어제 네이비에 먼저 물었거든? 없더라고.

네이비는 검색엔진이다. 다들 웃었다.

M 매트 사실은 나도 그랬어. 하하하.

A 아크만 나도.

다들 가벼운 농담을 주고받으며 웃었다.

t 테리 암튼 이제 프로도샘 강의를 들을 수 있는 자리는 열 자리가 되었네. 그런데 너희 모두 진짜 무서운 놈들이야. 어째 어떻게 풀었는지 한마디도 안 하냐. 좀 알면 내가 가장 긴 연결선인지 아닌지 알겠구먼.

A 아크만 사돈 남 말 하시네요. 너도 한마디 없었거든요.

친한 아이들이 모이기만 하면 프로도샘 미션 이야기를 이어갔다.

c 크로네커 지원하는 사람은 엄청 많은 것 같던데. 아까도 등교하면서 보니까 하룻밤 새 문제를 다 풀었는지 프로도샘 연구실 앞에 줄이 엄청 길더라고. 그렇게 조용하던 연구동이 요즘 북새통이야.

e 이단 나도 지금 머릿속에 패턴만 왔다 갔다 한다니까. 아까 사회시간에도 혀로 입천장에 패턴을 계속 그렸어.

매우 공감한다는 듯이 아크만이 웃으며 말했다.

A 아크만 하하하. 사실 나도 그랬어. 바둑을 처음 배울 때 눕기만 하면 천장에 바둑판이 나타나더니 어제부터 계속 패턴만 아른거려. 그 한 명이 우리 중에 한 명은 아니겠지?

M 매트 그건 모르지. 프로도샘은 항상 통과자에게 통과 여부를 말하지 말라고 하셨으니까. 하지만 내가 잘 아는데 여기 그 문제를 풀었을 주인공은 없어.

t 테리 사실 확신이 70% 정도 가는 답이 있긴 한데…….
좀 더 생각해보고 난 오늘 도전해봐야겠어.

테리 바라기 크로네커가 애교 섞인 목소리로 테리에게 말했다.

c 크로네커 진짜? 나도 좀 알려주라.

크로네커의 애교에도 테리는 비장한 모습으로 정색을 하며 자신의 각오를 되뇌었다.

t 테리 난 이번 강좌를 꼭 들어야 해. 프로도샘 추천서를 받아야 하거든.

M 매트 사심 폭발하는구먼. 암튼 답 나오면 좀 알려줘.

t 테리 야! 그건 그렇고 어서 뛰자! 이러다 체육시간 늦으면 운동장 세 바퀴야!

크로네커, 매트, 테리, 아크만은 엎치락뒤치락 장난을 치며 체육시간에 늦지 않으려고 운동장으로 뛰어갔다.

쉬는 시간마다 교실에서는 프로도샘의 미션에 대한 이야기가 한창이었다. 점이 그려진 연습장에 계속 선분을 그리는 아이부터 뭔가 집중하면서 걸어다니는 아이, 그래프 칠판에 분필로 문제를 푸는 아이 등 학교에 있는 학생 대부분이 프로도샘의 문제에 마취가 된 듯 '생각 중'이었다.

e 이단 어이! 티몬! 혹시 너냐? 그 한 명이?

침착한 성격에 이성적인 우등생 티몬이 의아하게 이단을 쳐다봤다.

T 티몬 뭐가?

e 이단 프로도샘 미션 한 명이 풀었다는데?

T 티몬 그래?

e 이단 진짜 너 아니야? 지난번엔 네가 1등이었잖아. 그때도 너 시치미 뚝 뗐었어.

T 티몬 나 아니야. 오늘 내신 성적에 들어가는 수행평가 준비하느라 프로도샘 문제를 아직 진지하게 못 봤어.

e 이단 이번엔 프로도샘 강의 안 들어? 그렇게 여유 있게 해도 되겠어? 오늘 늘어선 줄을 보니까 진짜 우리 학교 학생은 다 시도하는 것 같던데. 늘 쓸데없는 일에 신경 쓰지 말라고 하시던 우리 엄마까지 해보라고 하셨어.

T 티몬 원래 그런 문제는 가볍게 생각하고 빈틈이 없는지 다시 생각해보는 게 좋지.

티몬은 항상 차분하고 여유가 있었다. 그때 에이리가 이단과 티몬을 보며 반갑게 다가왔다.

a 에이리 야! 소식 들었어? 8개 연결선이 답이래.

T 티몬 그래? 그런데 그 연결선은 선분이 세 점을 지날 때 2개로 보는 거야, 하나로 보는 거야?

a 에이리 그건 잘 모르겠네.

에이리는 귀가 얇아 항상 주변에서 많은 것을 듣고 빨리 옮기지만 확실하지는 않는 편이었다.

e 이단 하나로 보는 게 아닐까?

m 마크 그런데 지난번에도 소문은 다 틀렸었잖아.

T 티몬 너희들은 몇 개 정도 연결했어?

m 마크 저 경우를 따로따로 선분으로 생각하면 나도 8개긴 한데.

a 에이리 그럼 시도해봐?

m 마크 　　　　아니야, 좀 더 생각해보려고.

항상 티몬을 의식하는 마크는 시원하게 자신의 답을 말하지 않았다.

T 티몬 　　　　마크와 같이 연결선을 세면 내가 생각한 답도 8개.

a 에이리 　　　따로 본다면 나도 8개까지 생각했어.

T 티몬 　　　　문제는 8개라도 길이는 다 다를 수 있다는 거지.

e 이단 　　　　8개 중 탈락된 경우를 알면 좋을 텐데.

수업 시작 종소리가 울렸다. 더 깊은 이야기로 들어가지 못한 채 이단, 티몬, 에이리, 마크는 다음 수업을 위해 과학실로 바삐 움직였다.

'생각 중'에 빠진 학교에도 달콤한 점심시간은 찾아왔다.

하울은 아직 친구가 없어 혼자 앉아 있는 전학생 I에게 다가갔다.

H 하울 　　　　어이! 전학생!

I 아이 　　　　응! 하울이구나. 내 이름은 I야.

H 하울 　　　　어어! 미안. 그런데 이런 말 해서 웃기지만 I는 나

잖아? 하하. 꼭 나를 부르는 것 같아서 말이야.

I 아이 맞아. 그럼 네가 부르고 싶은 대로 편하게 불러. 그런데 왜?

H 하울 아니, 이 좋은 점심시간에 혼자 앉아서 뭐 하는지 궁금해서.

I 아이 아! 나 사실 어제 그 문제 생각하고 있었어. 못 풀게 뻔한데 괜한 관심받고 싶지 않아서 조용히 도전하고 있었지.

H 하울 모르긴 몰라도 꼭 강의를 듣는 학생에 선정되기 위해서가 아니라 그냥 풀어보는 아이들도 꽤 될걸? 더구나 이번 문제는 수학문제 같지가 않아서 말이야. 그래서 진전이 있니?

I 아이 여러 가지 경우가 나오고 있는데.

I는 주변을 한번 살피고 말을 했다.

I 아이 사실 아까 어떤 친구들이 말하는 것을 살짝 들었는데 말이야.

하울이 호기심 가득한 눈으로 바라봤다.

H 하울 응, 뭐였는데?

I 아이 8가지 선분인 경우가 나온 아이가 있대. 난 7개의 선분을 연결한 거였거든.

H 하울 나도 7개 선분까지는 나왔는데.

이런 경우는 어떻게 센 거야? 1개로 했대? 2개로 했대?

저런 경우를 1개로 봐서 7개 선분이거든. 따로 보면 8개이고.

I 아이 그건 못 들었어. 그러고 보니 나도 저런 경우는 1개로 쳐서 7개인데 따로 보면 8개로 볼 수도 있어.

H 하울 그렇지만 선분의 개수가 많다고 가장 긴 연결은 아니잖아? 그리고 소문은 대개가 거짓이더라고.

I 아이 그런가?

H 하울 응. 시도했다가 탈락한 아이들 중엔 솔직히 자신이 틀린 답을 공개하는 아이들도 있고 그 반대도 있어. 그래서 소문이 다 믿을 것은 못 돼.

하울 역시 주변을 한번 살피더니 I에게 조용히 제안을 했다.

H 하울 그러지 말고 우리 같이 할까?

I 아이 그래도 되는 거야?

H 하울 프로도샘이 협력해서 풀면 안 된다고는 안 하셨거든? 물론 미션 통과 후엔 자신이 미션을 통과한 사실을 주변에 알리면 안 돼. 하지만 미션을 같이 풀어서는 안 된다는 조건은 없어.

I 아이 같이 하는 것이 룰에 어긋나는 게 아니라면…… 너무 좋지……. 난 수학을 못하는데…… 너처럼 잘하는 아이랑 같이 하면…….

H 하울 저번부터 말하는데 난 학원빨이라니까? 나도 못해. 무엇보다 학원에서 먼저 듣지 않은 수학을 만나면 자신이 없어.

I 아이 그렇구나. 그런데 난 학원을 다녀도 안 되더라고. 사실 난 원래 운동을 했어.

H 하울 그래? 무슨 종목?

I 아이 응. 허들 육상.

H 하울 육상선수? 와! 내 주변에서 육상선수는 처음 봐!

달리기 잘하겠네? 멋지다.

I는 알 수 없는 미소를 짓다가 말을 이어갔다.

I 아이 그런데 사고가 나서 운동을 계속 못 하게 되었어. 장애가 생긴 것은 아니지만 어른이 돼도 프로선수는 할 수 없을 것 같아서 운동을 그만두었어.

H 하울 저런 그렇구나.

I 아이 운동을 안 하니 할 게 없더라고.

H 하울 그게 참! 그렇겠다. 보통 운동으로 진로를 정하면 공부를 잘 안 하는 게 우리 문화라…….

I 아이 응. 딱히 내가 재주가 있는 것도 아니어서 어쩔 수 없이 공부를 다시 해야 했어.

H 하울 괜찮아. 나는 뭐 운동도 안 했지만 그렇다고 공부를 제대로 한 것도 아냐.

I 아이 여러 과목 중에서도 특히 수학은 늦게 따라 가려니 어렵더라고.

H 하울 당연하지. 난 계속 하는데도 어려운데.

I 아이 그런데 어렵긴 해도 수학 공부는 하면 할수록 재

미있었어. 그렇다고 내가 시험을 잘 보는 건 아냐. 하지만 수학 문제는 퍼즐을 푸는 것 같아서 좋아.

H 하울 오! 어쩌면 운동보다 수학이 적성에 맞았던 게 아닐까? 어쩌면 너의 진로가 바뀐 건 수학으로 가기 위한 운명의 장난?

I 아이 하하하. 그 정도까지는 아냐. 내가 어릴 적엔 라틴어도 잘했다는데 운동하면서부터는 관심을 뚝 끊어서 그런지 지금은 거의 기억이 나지 않아.

H 하울 은근히 자랑하는 것 같은데?

I 아이 하하하. 아냐, 아냐.

H 하울 농담이야. 사실 나도 수학을 잘하지는 않지만 좋아해.

I 아이 난 수학문제를 풀 때마다 육상을 할 때 허들을 하나씩 넘어가는 것 같은 느낌을 받아.

H 하울 그럴 수도 있겠다.

I 아이 부끄럽지만 이번에도 허들 하나 넘는 것 같은 재미로 한번 풀어보려고 긁적거리고 있어.

H 하울 그래, I. 우리 그냥 즐겨보자. 미션에 통과되고 되지 않고를 떠나 그 과정을 즐겨보자!

이제 점심시간이 끝나가고 오후에는 각 시간마다 수행평가가 줄줄이 있어서 이 문제를 신경 쓸 시간은 없을 것 같고…… 방과 후에 만날래?

I 아이 오늘은 엄마 일을 도와야 해서 시간이 안 될 것 같아.

H 하울 그럼, 오늘은 각자 더 생각해보고 내일 학교에서 만나서 풀어보자.

I 아이 그래. 수행평가 잘 봐.

H 하울 사실 나도 스포츠 선수였어.

하울이 익살스런 표정을 지으며 말했다.

H 하울 난 항상 모든 시험에 스포츠 정신으로 임하거든. 스포츠 정신 알지? "참여하는 것에 의의를 두라!" 점수는 신경 쓰지 않는 쿨함이 내 신조 아니겠어? 하하하. 너도 시험 잘 봐. 그리고 I! 나에게 네 이야기를 해줘서 고마워.

하울은 따뜻한 미소를 보이며 I와 헤어졌다.

D-11 함께

미션이 공고된 지 이틀이 지났다.

a 에이리 야! 한 명 더 나왔나봐.

m 마크 그래? 이제 우르르 나오겠네. 원래 정답자가 처음에는 띄엄띄엄 나오다가 어느 순간 동시다발적으로 많이 나오잖아. 그런 거 보면 특별한 몇 명을 빼고는 생각이 거기서 거기인 것 같아.

마크는 티몬을 힐긋 쳐다봤다.

m 마크 특별한 한 명은 이번엔 좀 늦는 듯하네.

확신에 찬 얼굴로 이단이 다가왔다.

e 이단 야! 나한테 좋은 정보가 있어.

호기심을 갖고 이단 곁으로 마크, 에이리, 티몬이 모여들었다.

e 이단 어제 미션 도전했던 긴 줄 기억나지?

m 마크 오늘 아침에도 그러던데 뭐.

e 이단 원래 떨어지고 나면 마음이 열리잖아. 그래서 프로도샘 연구실 앞에서 지원자들한테 무슨 답을 시도해봤냐고 물어봤지.

a 에이리 오! 맞아. 합격한 아이들이 누군지는 몰라도 떨어진 아이들의 답을 빼면 되는 거지? 암튼 이단! 잔머리 하나는 끝내줘.

이단은 기분 나쁜 눈빛으로 에이리를 쳐다봤다.

e 이단 야! 에이리, 그럼 넌 빠져.

에이리는 실수했다는 표정으로 애교를 부렸다.

a 에이리 에이, 왜 이래. 장난이야. 봐줘.

말을 꺼내는 이단의 눈빛이 반짝였다.

e 이단 모두 나에게 말해준 건 아니야. 그런데 그중에 다행인 건 사실 내가 답이라고 생각했던 패턴을 시도한 아이가 있었다는 거지. 그게 이거야.

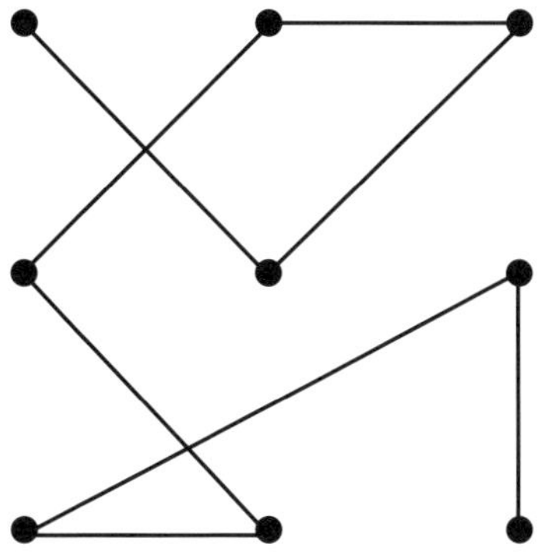

T 티몬 응, 그래. 이게 내가 처음 생각했던 답이야, 8개.

한 칸의 길이를 1로 치면 $3+4\sqrt{2}+\sqrt{5}$이고, $\sqrt{2}$를 1.414, $\sqrt{5}$를 2.236으로 대략 계산하면 10.892 정도지.

e 이단 어제 우리가 8개 연결선의 답을 생각했었지. 그때 나도 이걸 생각하고 있었거든.

a 에이리 앗! 탈락된 답을 보니 일단 내가 생각했던 8개는 확실히 아니군. 한 칸의 길이를 1로 치면 이건 약 10.064가 되니.

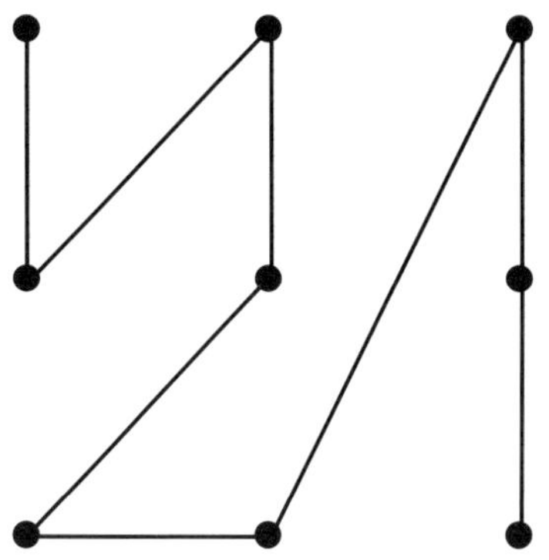

T 티몬 이단의 전략도 좋은데? 우리가 생각한 답 중에 아닌 것을 제외해보는 방법. 아니면 탈락된 답 중에 우리 답보다 능가하는 게 없으면 우리의 것이 답이 될 확률이 높은 거잖아.

e 이단 어때? 내 전략에 다들 놀란 거야? 그럼 이번엔 같이 해볼까?

a 에이리 그래도 되는 거야?

m 마크 미션 어디에도 같이 해서는 안 된다는 조항은 없잖아?

e 이단 티몬, 너도 동의하는 거야? 아무래도 네가 제일 잘하니까 우리가 네 덕을 볼 수 있는데 괜찮겠니?

T 티몬 그게 어떻게 내 덕이냐? 벌써 우리가 생각한 답 중 아닌 것을 골라낸 것은 네 덕분이잖아. 인맥과 정보력은 가히 이단 네가 최강이지!

e 이단 고마워. 그럼 우리 오늘 하루 동안 계속 답을 생각해보고 탈락한 아이한테 틀린 답을 함께 모아보자. 티몬, 너는 그냥 풀이에 집중해. 정보는 나하고 마크, 에이리가 모아볼 테니……. 마크, 에이리, 동의하는 거지?

a 에이리 나야, 땡큐지! 내가 또 한 성격해서 아이들한테 인심이 좋잖아. 하하하.

m 마크 팔랑 팔랑 에이리! 또 그냥 넘어가네! 그런데 나는 동의 안 할래. 티몬처럼 문제에만 집중하고 싶어.

e 이단 그래? 티몬 덕만 볼 수 없다는 말이구나. 그럼 마크 너도 문제에 집중해! 에이리하고 내가 정보를 모아볼 테니. 대신 답 나왔다고 배신하기 없기다!

a 에이리 엄마 말만 따르는 엄마 바라기인 줄 알았는데 이

단도 한 건 했네!

e 이단 에이리 너 때문에 기분 좋게 마무리를 할 수가 없어.

프로도샘의 수강신청 미션 공고 후 프로도샘 연구실엔 늘 긴 줄이 늘어서 있었다. 하지만 패턴을 시도하고 탈락하는 데는 시간이 오래 걸리지 않았기에 대기시간은 짧았다. 그냥 생각 없이 재미삼아 찍어보려는 아이들도 있었다. 하지만 보다 신중한 아이들은 손가락으로 패턴을 찾기에 앞서 머릿속을 분주히 움직이고 있었다. 호수 위의 백조처럼 겉으로는 고요해 보이지만 머릿속은 패턴을 풀기 위한 여러 경우의 가능성을 하나씩 하나씩 생각하고 줄여가느라 바빴다. 미션 2일차엔 2명의 성공자가 나왔고 이제 자리는 9개가 남은 상태였다.

어제의 약속으로 방과 후에 만난 하울과 I가 프로도샘의 연구실 벽에 2명의 완성자가 나왔다는 표시를 보았다.

H 하울 한 명 더 나왔네!

I 아이 응. 그러게.

H 하울 뭐 설마 나머지 자리가 학원빨인 나의 것이 되겠냐마는 그래도 해보는 거야. 이제 문제 푼 것 같이 볼까?

I 아이 응. 내가 제일 처음 생각했던 답은 이거야.

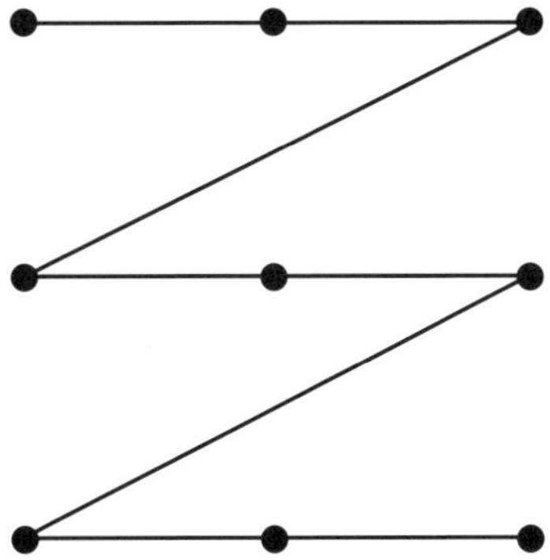

H 하울 엥! 이건 내 핸드폰 패턴인데? 귀찮아서 이렇게 해 놨지.

I 아이 그래? 그런데 너무 단순해서 다음에 더 긴 것을 찾아봤는데 이거야.

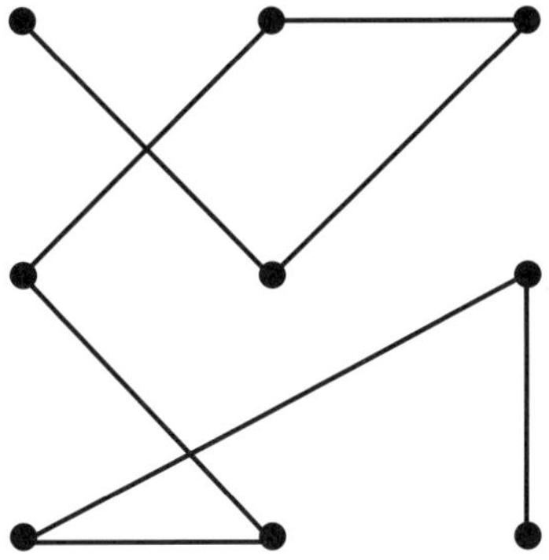

H 하울 나도 이것까지 생각했어. 한 변의 길이를 1로 보면 10.892 정도지. 네가 처음 생각한 패턴은 $6+2\sqrt{5}$로 10.472가 되니 패턴이 단순한 것에 비하면 길이가 얼마 차이가 나지 않아. 그래도 길지는 않아.

I 아이 두 개의 답을 비교해보니까 1이 되는 선분을 줄이고 가로지르는 선분을 늘리면 길이가 늘어날 것 같아.

H 하울 그러게. 그럼 우리 답 중에 긴 경우를 기준으로 길이 1인 선분을 줄여나가 보자.

I 아이 응.

I와 하울은 방과 후 아이들이 다 빠져나간 한적한 교정의 벤치에 앉아 마치 둘만의 세상에 있는 듯 문제 풀기에 집중했다. 한 가지 방법이 나오면 길이 계산을 해보며 길이가 더 긴 패턴을 찾았다.

그 모습을 창가에서 내려다보는 사람이 있었다. 한쪽 손은 주머니에 넣은 채 커피를 한 모금 마시며 그는 이렇게 혼잣말을 했다.

"수학을 그 자체로 즐기며 무엇인가에 집중하는 학생들의 모습이 참으로 아름답군! 성공하길 바라네."

미션이 공고된 지 3일이 지났다.

등굣길에 크로네커, 매트, 아크만이 프로도샘의 연구실 앞에서 새로운 소식을 보고 있었다.

c 크로네커 어라! 또 한 명이 나타났네.

M 매트 아무래도 테리 같지 않아? 추천서 때문에 꼭 들어야 한다고 적극적이더니 어제 오늘 조용하잖아.

A 아크만 그런가? 어제 오늘 우리랑 어울리지도 않잖아.

c 크로네커 그거야 수행평가 때문에 그런 거 아냐? 이번 시험까지가 내신에 들어간다고 예민했잖아.

M 매트 그래?

c 크로네커 테리는 어떻게든 알아서 할 아이야. 이미 미션을 완성했다면 더더욱 우리에게 말해주지 않을 거고.

M 매트 크로네커가 테리 챙기는 모습은 언제나 눈물겨워. 나도 자존심 상해서 알려달라고 애걸할 생각은 전혀 없어. 어쨌거나 오늘 분리수거하는 날이라 난 좀 빨리 교실로 가봐야겠다.

크로네커와 아크만은 동시에 인사를 건넸다.

\+ 크로네커, 아크만 그래, 매트. 고생해. 이따 봐…….

매트는 교실로 올라가 쓰레기통을 챙겨 분리수거장으로 내려갔다. 화요일과 목요일 아침 시간은 쓰레기 분리수거를 하는 날이다. 매트는 순서를 기다리느라 줄을 서 있었다. 그런데 그 순간, 다른 반 학생의 쓰레기통에서 종이조각 하나가 눈에 띄었다. 매트는 그 종이에 적힌 낙서가 프로도샘의 문제를 누군가가 풀다버린 종이임을 직감했다. 주변의 시선은 아랑곳하지 않고 쓰레기통에서 그 종이를 꺼냈다. 분리수거를 위해 줄을 서 있던 아이들은 더러운 쓰레기통에서 젖은 종이를 꺼내들어 환희에 찬 얼굴을 하는 매트를 이상하게 바라봤다. 매트는 분리수거를 마치고 빠른 속도로 크로네커와 아크만이 있는 곳으로 달려가 종이를 내밀었다.

c 크로네커 우웩. 쓰레기 냄새. 이거 뭐야?

A 아크만 왜 우리한테 쓰레기 테러야?

M 매트 아니, 아니. 이걸 좀 보라고.

c 크로네커 글쎄, 이게 뭔데?

M 매트 이거 프로도샘 문제 풀이잖아.

A 아크만 뭐?

아크만과 크로네커는 매트가 가져온 냄새나는 종이를 자세히 들여다봤다.

+ 크로네커, 아크만 엇 그러네!

M 매트 이건 내가 지금 푼 경우보다 더 길어.

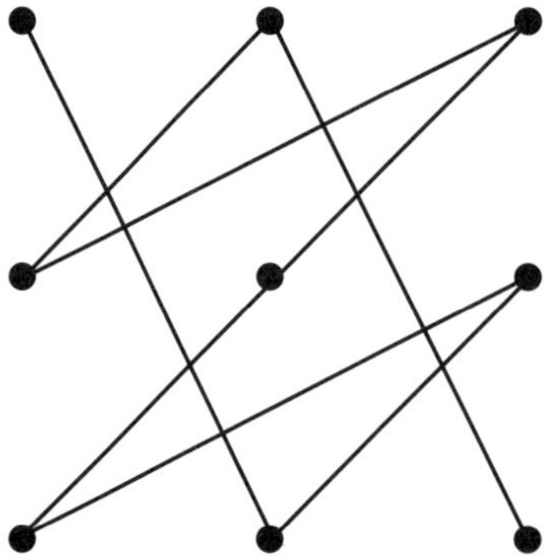

c 크로네커 지금까지 우리가 푼 것 중에 가장 긴 길이는 10.892인데 이건 $4\sqrt{5}+4\sqrt{2}$니까 14.6이나 되는데?

A 아크만 대박사건! 우리가 생각한 10 근처에서 14로 도약하는구나!

M 매트 잠깐, 프로도샘이 주는 조건을 모두 만족은 하는 거야? A와 B점은 한 선으로만 연결되며 선끼리는 만날 수 있는지 검토해보자.

크로네커와 아크만은 동시에 말했다.

+ 크로네커, 아크만 맞아.

A 아크만 더구나 8개라는 확인되지 않은 소문도 만족하고.

M 매트 설마 이게 답일까?

c 크로네커 네가 착한 일을 하더니 하늘에서 선물을 주었나봐. 친구야 고맙다!!!

M 매트 왜 이래! 넌 테리 바라기잖아!

c 크로네커 그건 그거고, 이건 이거지.

M 매트 이게 답일까? 답이면 버렸을까?

c 크로네커 어쨌거나 우리가 풀었던 것보다는 한 단계 위의 답을 거저 얻은 건 맞잖아. 답이건 아니건 한 단계 올라간 거지.

A 아크만 이야! 어떻게 쓰레기더미에서 그걸 봤어? 그게 더 신기해!

M 매트 갑자기 거기에서 빛이 나더라고.

c 크로네커 또! 또! 오버한다. 이 녀석은 칭찬을 못 해. 일단 다른 종이에 옮기고 이건 버리자. 냄새나서 미치겠어.

A 아크만 조심히 버려. 이러다 우리 학교 아이들 쓰레기통 다 뒤질라.

M 매트 난 아직도 안 믿겨. 이게 답일까?

c 크로네커 답이거나 답에 가까운 것이겠지. 무엇보다 이 미션의 완성자로 하늘이 우리를 점찍어주신 것일 수도. 움화화하하.

크로네커가 호탕하게 웃었다.

M 매트 그런데 괜찮을까?

A 아크만 일부러 커닝한 건 아닌데……. 우리가 그동안 계속 생각하고 고민해서 이게 답일 수 있다는 것도 알고 있잖아.

c 크로네커 야야! 다들 침착해. 답이 아닐 가능성이 더 커. 수학 하는 아이들이 아무리 집중하고 정리정돈을 못하더라도 정답을 버릴 리는 없어. 그래도 우리가 생각한 것보다는 앞선 답임에는 틀림없어.

M 매트 하여간 좋은 징조겠지?

A 아크만 응. 그런데 이야기를 더 계속하다가는 교실 조회시간에 늦어서 청소를 하게 될 거야.

두근거리는 심장을 느끼며 크로네커, 매트, 아크만은 교실로 들어갔다.

미션 공고일 3일째, 자리는 8자리가 남았다. 대다수의 아이들은 그냥 생각 없이 패턴을 시도해서 탈락했고 수학을 좋아하는 두 그룹의 아이들은 나름 전략을 짜며 3일차를 맞이하고 있었다.

지난번 1등 미션 성공자 티몬을 포함해 이단, 에이리가 있는 3반 아이들은 어제 약속한 대로 각자의 역할로 하루를 보내고 다시 도서실에 모였다.

T 티몬 어! 마크가 안 보이네?

e 이단 내 예감이 맞다면 아마 오늘 나온 미션 성공자가 마크가 아닐까 싶어.

a 에이리 뭐? 어제 같이 하기로 했잖아.

e 이단 내가 알기로 마크는 어제 우리가 발견한 탈락자의 정보보다 더 앞선 답을 찾았다고 들었어. 지금 대부분 10 근처에 머물러 있잖아. 마크는 14쯤에 있는 연결선을 찾았다고 했지. 그래서 문제에 더 집중하고 싶다고 한 것 같아.

a 에이리 그래서 안 오는 거야?

e 이단 배가 아파서 보건실 가느라 못 온다고 했어.

a 에이리 똥 싸면 되지 무슨 보건실 타령이야.

T 티몬 탈락한 아이들의 답은 알아봤니?

e 이단 응. 내가 조사한 것에는 어제 알아낸 답이 가장 많았고 그보다 짧은 경우들만 나왔어.

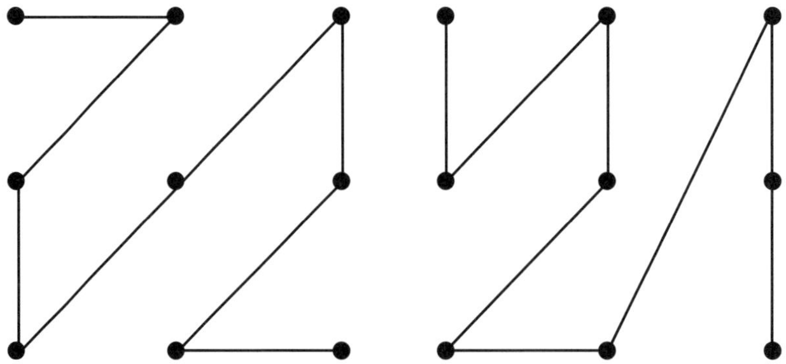

T 티몬 그렇구나!

a 에이리 난 오늘 아침에 대박을 낚았어. 14까지 간 답이 있다고 들었어. 2반 똘아이들 알지? 오늘 아침에 그 똘아이 중 한 명이 쓰레기를 뒤졌잖아. 다른 아이들은 그 우스꽝스러운 장면을 웃느라 놓쳤는데 내가 누구야! 촉 하면 빠지지 않잖아!

e 이단 괜히 팔랑귀가 아니지. 그래서 뭐? 빨리 핵심만 말해.

어제 에이리가 이단을 놀렸던 것에 이단은 아직 기분이 풀리지 않았는지 말에 가시가 있었다.

a 에이리 뭔가 모여 쑥덕거리던데 14까지라고 엄청 좋아하

면서도 당황해하는 걸 봤어. 그리고 갈기갈기 찢어서 종이를 버리길래 치사한 행동이지만 내가 맡은 역할을 떠올리며 가져왔지. 그런데 종이가 젖은 상태에서 찢긴 거라 연결이 다 되지는 않아.

T 티몬 　　혹시 이거 아니야?

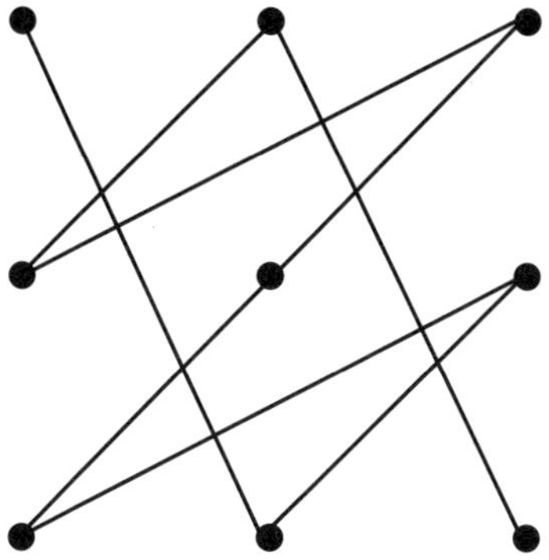

a 에이리 　　잘려나가긴 했지만 맞는 것 같아.

e 이단 　　오, 이건 14.6이네! 우와! 티몬 너 해냈구나!

a 에이리 　　그런데 그 똘아이들은 이건 답이 아니래.

T 티몬 　　나도 그렇게 생각해. 답이면 버렸을까?

e 이단 　　어찌 되었건 그동안 탈락자들과 우리가 생각한 것 중에 가장 긴 연결선은 맞네. 그리고 지금 당장 저쪽 똘아이들도 이 정도로 해결한 것 같고. 우리 이젠 이것보다 더 긴 것만 찾으

면 될 것 같은데.

a 에이리 3일차가 지나면 프로도샘의 다음 힌트가 나오잖아. 내일 아침이면 힌트가 공개되겠네?

T 티몬 오늘은 다들 이 문제에 집중해보자고.

e 이단 그나저나 마크는 끝까지 안 오는군. 배신자.

T 티몬 그러지 마라. 그러고 보니 어제 마크가 동의한다는 말을 확실히 한 적은 없는 거 같아.

a 에이리 그 자식 만날 티몬 이기려고 안달이더니 이렇게 나온다는 거지?

T 티몬 친구 사이에 이기고 지는 게 어디 있어? 에이리. 그러지 말고 우리는 우리 방법대로 가자.

에이리, 이단, 티몬의 각오를 다지는 모습에서 오늘은 뭔가 결론이 나올 것만 같았다.

또 다른 곳에서 하울과 I가 만났다.

I 아이 역시 없군! 어제 우리가 풀던 종이 말이야.

H 하울 당연히 없지. 아침마다 실외청소당번들이 쓰레기를 줍잖아.

I 아이 그렇겠지? 그래도 답을 기억하니까 오늘은 거기서부터 하면 될 거야.

H 하울 다들 문제 푸느라 난리인가봐. 수학 잘하는 아이들은 다 덤벼드는 연례 행사니 말이야. 우리 학교에서 수학 하면 둘째가라면 서러운 우등생 티몬과 그 친구들이 적극적인 것 같고. 학교 들어올 때부터 영재고 간다고 애쓰던 테리 팀도 열심인 것 같아. 테리는 1학년 때부터 프로도샘 추천서를 받겠다며 떠들고 다녔거든.

I 아이 그 아이들은 벌써 답을 찾았겠지?

H 하울 그건 아닌 것 같아. 오늘도 모여서 문제 이야기 하고 있는 것 같았거든.

I 아이 우리가 어제 14.6까지 찾았는데 그 아이들은 벌써 더 긴 선을 찾았겠지?

H 하울 그렇겠지, 아마도? 우리보다 수학을 잘하는 아이들이니까?

I 아이 그렇게 수학 잘하는 아이들을 보면 정말 부러워.

H 하울 그러냐? 난 일찌감치 그런 건 안 부러워하기로 했다. 달리기랑 같다고 할까? 내가 아무리 열심히 매일 연습한다고 우사인 볼트처럼 타고난 사람을 따라잡을 수는 없다고. 남

부러워할 게 아니라 내가 최선을 다하는 걸로 만족하면 되는 거 아냐? 대신 우리는 그 아이들보다 수학을 더 좋아할걸?

I 아이 　　넌 참 배울 게 많은 아이야.

H 하울 　　내가 너라고? 농담! 참! I, 역시 넌 전직 육상선수답게 볼트처럼 잘 뛰더라. 아까 체육시간에 깜짝 놀랐어. 그동안 우리 반에서 이단이 최고였는데 네가 가뿐히 제쳤잖아. 이단 녀석 자존심 상해서 최선을 다하지 않았다고 웃는 척했지만 내가 보기엔 이단이 완전 전력을 쏟았어. 잘됐어. 곧 있으면 체육대회인데 계주대표로 나가봐.

I 아이 　　뭘 그렇게까지.

H 하울 　　계주 나가서 잘 뛰면 전학생에서 한순간에 우리 반의 영웅이 되는 거지. 아마.

자! 어제 우리가 풀었던 종이도 없어졌으니 다시 14.6부터 시작해볼까?

I 아이 　　그럴까? 난 우리가 성공하지 못해도 우리 둘이 10 단위에서 14까지 길이가 나오도록 찾아내는 과정이 너무 스릴 있고 재미있어서 좋아.

H 하울 　　나도 그래. 난 엄마 성화에 못 이겨 수학학원을 가는데도 늘 수학이 싫다고, 수학 못한다고 투덜거렸어. 사실 그

렇게 투덜댔던 건 내가 비겁해서야.

내가 최선을 다해 공부하는데도 고작 이 점수밖에 못 받는 아이로 평가받을까봐 말이야. 사실은 시험 보는 것만 빼면 수학을 좋아해.

I 아이 그렇구나. 난 그냥 자신이 없어. 그러다보니 적극적이지 못하게 되는 것 같고. 그래도 이런 문제 푸는 거 너무 좋아. 시험에도 안 나오는 것에 괜한 시간낭비 한다고 생각하는 아이들도 많겠지만 말이야. 그리고 무엇보다 전학 와서 친구를 사귈 수 있게 해준 건 수학이니 지금은 너무 감사해.

H 하울 우리 오늘 너무 감상에 젖은 것 같아. 사실 수행평가랑 숙제만 아니면 이 문제에 올인해서 좀 더 빨리 풀 수도 있었을 텐데.

I 아이 아냐. 짬짬이 해서 더 재미있을 수도 있다고 생각해.

H 하울 그래. 그렇겠다.

하울과 I는 어제 그 벤치에 앉아서 열심히 가장 긴 패턴을 찾아갔다. 하울과 I가 조화를 이루는 모습에서 머지않아 답이 나올 것 같은 분위기가 감돌았다.

그리고 어제와 같이 하울과 I의 모습을 내려다보는 한 사람이 있었다.

"올해로 드디어 마지막 한 조각을 채울 아이들이 나타나는 건가?"

D-9 힌트

미션을 공고한 지 4일이 지났다. 프로도샘의 힌트가 뜨는 날이었다.

· 공고 ·

"처음이자 마지막 힌트"

2×7×11

-프로도-

아크만, 매트, 크로네커와 티몬, 에이리, 이단 그리고 하울과 I는 서로를 견제하며 프로도샘의 공지 앞에 모였다.

"2, 7, 11을 소인수로 하는 수라고?"

공지를 보자마자 아크만이 매트와 크로네커를 바라보며 큰 소리로 외쳤다. 14 주변에서 왔다 갔다 하며 생각을 펼친 아크만, 매트, 크로네커는 당황한 기색이 역력했다. 티몬, 에이리, 이단과 하울, I도 당황스럽기는 마찬가지였다.

"말도 안 돼. 우리는 겨우 10 주변에서 움직였는데 말이야."

확실한 답은 아니어도 그 근처에는 갔을 거라 확신했던 티몬, 에이리, 이단도 낙심한 표정이었다. 상대적으로 수학이 약하다고 생각하는 하울과 I 역시 수학을 훨씬 잘하는 아이들의 낙심한 얼굴을 보니 자신들은 어림도 없겠다는 눈빛을 주고받았다.

그러길 잠시 매트가 다른 팀을 의식하지 않고 순간 떠오른 말을 내뱉었다.

"잠깐 지금 우리가 생각한 답은 한 칸을 1로 가정한 거에 불과하잖아!"

매트의 말을 이어받은 티몬이 보태었다.

"우리도 그렇지. 그렇다면 만약 10으로 한다면 가능하지 않을까?"

순간 그 자리에 있던 모든 아이들의 머리 위에 느낌표가 떠올랐다.

누가 뭐라 할 것도 없이 "우리 해결한 것 같아!"를 외쳤다. 순간 모두 달리기 시작했다.

달려가는 그들의 손에 있던 그림은 모두 같았다.

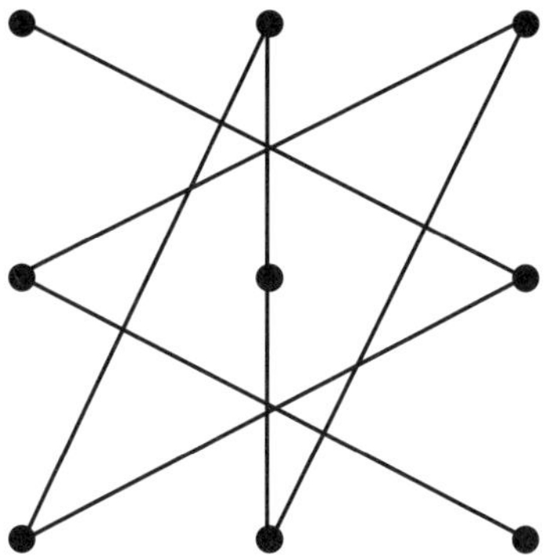

D-6 첫 만남

프로도샘 연구실 잠금문의 패턴을 푼 11명의 학생이 강의실에 모이는 날이었다. 함께 문제를 푼 아이들을 제외하곤 미션을 통과한 모두의 얼굴을 보는 것은 처음이었다.

H 하울 아무리 생각해도 웃겨!

I 아이 뭐가?

H 하울 우리가 마지막에 연구실로 달려갔던 그날 말이야.

I 아이 아하!

H 하울 사실 그 아이들이 서로 말을 주고받을 때도 난 감이 오질 않았어.

I 아이 나도 그랬어. 그런데 그 아이들이 우르르 뛰어가길 래 같이 뛰었어.

H 하울 그러니 말이야. 우리가 네 덕에 제일 빨리 뛰어갔잖아. 암튼 넌 달리기를 정말 잘해.

I 아이 응, 뛰긴 뛰었는데 우린 답에 확신이 없었잖아. 그래도 뛰어서 1등으로 도착했는데 뒤로 빠지기는 싫더라고.

H 하울 그런데 우리가 생각했던 답이 맞았다니! 난 패턴이 열려서 프로도샘 연구실로 들어가게 되었을 때부터 멘붕이었어. 들어가자마자 카메라에 얼굴 대고 자기소개를 하라는데 뭐라 했는지 기억도 안 나.

I 아이 나도 그래. 네가 들어가는 순간 나도 대박이라 생각했지.

H 하울 정말 우리 대단하지 않아? 우리가 해냈다고. 그렇게 수학 잘하는 아이들이랑 같이 수업을 듣게 되었다고.

I 아이 다 네 덕이야. 이젠 또 어떤 문제가 기다리려나. 난 수업 내용을 못 알아듣는다 해도 상관없을 것 같아. 이 수강신청을 성공해서 11명 안에 들었다는 사실만으로 나에겐 충분해.

H 하울 달려서 우리 뒤에 섰던 2반 아크만, 매트, 크로네커와 우리 반 티몬, 에이리, 이단은 통과를 한 건가? 난 사실 들

어온 문으로 다시 나가는 줄 알았는데 아니었잖아.

I 아이 우리가 미션을 통과한 것을 그 아이들은 알겠지. 기다려보자.

말이 끝나기가 무섭게 강의실로 티몬, 에이리, 이단이 들어왔다.

e 이단 얼~ 달리기 선수들 벌써 오셨네. 축하한다. 하울. 제법인데? 전학생! 축하해.

H 하울 이제 이름으로 부르면 어떨까?

e 이단 아! 그래 미안! I라고 했지?

I 아이 응. 난 어떻게 불리든 상관없으니 편한 대로 불러줘.

+ 에이리, 티몬 야! 너희들 제법이더라, 프로도샘 문제 푼 것도 그렇고 달리기도 그렇고. 이단도 달리기 하면 빠지지 않는데 I한테는 역부족이더군.

I 아이 칭찬 고마워.

e 이단 야! 그러고 보니 아직 2반 녀석들은 아무도 없네? 공지 떴을 때 온갖 설레발을 다 떨더니만.

이단의 말에 티몬, 에이리, 하울, I가 모두 웃었다. 호랑이도 제말 하면 온다는 듯이 왁자지껄한 크로네커, 매트, 테리, 아크만이 들어왔다.

t 테리 미안하다고.

M 매트 야! 이 치사한 애랑 말도 엮지 마라.

매트가 테리에게 장난으로 투덜대는 게 재미있다는 듯이 아크만이 함께 거들었다.

A 아크만 두말하면 잔소리지.

t 테리 너희도 룰을 알잖아.

A 아크만 잘 알지. 그래도 우리는 같이 풀어서 왔잖아.

t 테리 그건 뭐라 할 말이 없지만 처음부터 팀으로 하자고 한 것도 아니잖아, 응? 나 좀 봐주라. 사실 난 이번에는 그냥 시도해보고 안 되면 그냥 시험공부나 하려고 했거든.

M 매트 뻥! 프로도샘 추천서 받는다고 그렇게 열심이던데. 너 두 번만 더 말하면 백 번이야.

t 테리 아냐. 진짜 맘 비우고 패턴을 시도해봤는데 풀려서

나도 당황했다고. 진짜 혼자 하려고 한 건 아니야. 제발 믿어줘.

M 매트 어디서 뉘 집 고양이가 우냐? 왜 이리 징징거리는 소리가 나는지 모르겠네.

c 크로네커 매트, 아크만! 테리도 사정이 있었다는데 좀 봐주자.

t 테리 크로네커, 역시 너뿐이네. 고마워.

c 크로네커 야! 3반 친구들 안녕.

역시 티몬은 이번에도 빠지지 않았군! 그런데 쟤는 누구야?

크로네커는 I에게 관심을 보였다.

H 하울 응. 전학생이야.

c 크로네커 그래, 반갑다. 난 2반 크로네커야. 내가 내 친구들을 소개해주지.

혼자만 살아남으려고 했던 이 치사한 자식은 테리이고, 이 아이는 매트, 얘는 도서관에서 만날 사는 아크만이야. 반은 다르지만 프로도샘의 미션을 통과했다는 건 우리가 아직 몰라도 많은 공통점이 있다는 뜻이겠지?

크로네커는 3반 아이들이 뭐라고 말할지 몰라 어깨를 들어 올렸다 내렸다.

t 테리　　그러면 너희 반은 다섯 명이야? 우와! 쎈데?

e 이단　　우리 반이 쫌 하지. 안 그래?

이단은 우쭐하며 친구들 티몬, 에이리, 하울, I를 바라봤다.

H 하울　　이단! 이렇게 또 반을 챙기니 감동적인데. 안 그래, I?

I 아이　　응, 전학생에서 같은 반 친구로 인정받게 된 거 같아.

이때 나지막하지만 힘 있는 목소리가 들렸다. 프로도샘이었다.

"이거 아주 화목한 분위기구먼."

"아…… 안녕하세요."

누가 먼저랄 것도 없이 강의실에 있던 모든 아이들은 공손하고 반갑게 인사를 했다.

"너무 요란하게 학생을 모집했지?"

e 이단 아니에요. 재미있어요.

H 하울 뭔가 있어 보여요. 하하하.

e 이단 그럼 저희가 다인가요? 마크는 아닌 건가?

이단이 이리저리 둘러보며 말했다.

에이리, 티몬 역시 의아하다는 눈빛으로 서로를 쳐다봤다.

교탁에 선 프로도샘은 아주 멋지게 색이 바랜 버건디색 가방에서 노트를 꺼냈다.

"그럼 출석을 한번 불러보겠네."

프로도샘이 출석을 부르기 시작했다. 주변에 아는 얼굴이 많았던 아이들과 달리 전학 온 지 얼마 안 된 I는 친구들의 이름을 외우기 위해 프로도샘이 부르는 학생들의 이름을 노트에 적고 아이들에 대해 들었던 이야기와 간단한 인상을 그림과 함께 적었다.

"매트?"

"네!"

I는 짧은 삐죽머리에 넓은 어깨를 강조한 매트의 캐릭터를 그리고 '의리'라고 적었다.

"아크만."

"옛 썰~"

매부리코와 주근깨를 강조한 아크만을 그리고 '도서관에 사는 아이', '독서왕'이라고 적었다.

"테리?"

"예!"

작은 키에 검은 뿔테안경을 쓴 테리를 그리고 '추천서'라고 적었다.

"선생님, 테리는 추천서를 받아야 한다고 신청했대요."

매트의 말에 테리는 매우 난처한 표정을 지었다.

I는 노트에 그린 매트와 테리를 선으로 연결한 후 '티격태격', '친한 듯'이라고 적었다.

"테리같이 훌륭한 학생의 추천서를 써주게 된다면 내가 영광이네."

"출석을 계속 불러도 되겠죠? 하울?"

아주 멋지게 하울을 그렸다. '고마운 내 친구', '훈훈한 미소의 내 친구'라고 적었다.

"이단?"

"네에."

곱슬머리와 두툼한 입술을 강조한 이단을 그리고 '우리 반 달리기 짱', '엄마 바라기라 불림'으로 적었다.

"음……. 다음 사람은 좀 늦는다고 연락이 왔고."

"옙!"

I는 얼굴에 물음표를 그린 그림을 그렸다.

"그다음 사람이 에이리?"

"네."

긴 얼굴에 부채꼴의 앞머리를 한 에이리를 그리고 '팔랑팔랑 귀로 불림'으로 적었다.

"티몬?"

"넷!"

차분한 티몬의 목소리에 다들 티몬을 쳐다봤다.

"목소리에 아주 특별한 색을 지니고 있군."

"아! 네. 감사합니다."

I는 티몬을 있는 그대로 최대한 비슷하게 그리려 했다. 그리고 '수학우등생', '부러운 아이'라고 적었다.

"I?"

친구들의 이름과 인상을 적는 데 집중하느라 정작 자기 이름을 한 번에 듣지 못한 I가 늦게 대답했다.

"네…… 네!"

"자네는 내가 낯이 설구먼그래."

"전학을 왔습니다."

"그랬구먼, 반갑네. 이름이 재미있군."

"아! 네……."

"항상 자네는 곧 나구먼."

프로도샘의 썰렁한 유머에 다들 웃음을 지었다.

"크로네커?"

"네!"

"씩씩해서 좋구먼."

여리여리한 모습에 은테안경을 쓴 크로네커를 그리고 '착하게 생김', '테리 바라기'라고 적었다.

그때 뒷문이 열렸다.

"어서 오게."

마크가 매우 곤란한 표정으로 들어왔다.

'아! 마크! 우리 반!'

I는 자신의 노트를 다시 거슬러 올라가 WHO라고 써두었던 에이리의 앞에 움츠린 어깨를 한 마크를 그렸다. 그리고 '티몬과 친한 아이'라고 적었다.

"마크가 어제 나를 찾아왔었네. 친구들 볼 면목이 없어서 수업에 못 오겠다고 하더군."

프로도샘이 말했다.

“마크가 곤란해진 건 내가 낸 미션 때문인데……. 그래서 내가 부탁할 게 있네. 티몬, 이단, 에이리. 마크를 이해해줄 수 있겠나?”

“뭐 저는 그렇게 심각하게 생각 안 했습니다. 그냥 룰이었는데요.”

에이리가 답을 했다.

“저희가 통과를 못 했으면 엄청 기분 나쁘기도 했겠지만 저희 그렇게 옹졸한 아이들 아니에요.”

이단이 이어서 말했다.

하지만 에이리, 이단 그리고 마크가 가장 신경 쓰는 것은 티몬의 의견이었다.

“친구와 함께할 수 있어서 좋습니다.”

티몬은 군더더기 없는 깔끔한 의견을 말했다.

“모두 고맙네. 그리고 반갑네.”

프로도샘의 출석체크가 끝난 후 I는 자신이 메모한 학생 수를 헤아려봤다. 그것을 옆에서 보던 하울이 손을 들고 프로도샘에게 질문했다.

“그런데 선생님, 11명이라고 하지 않으셨나요? 저희는 10명인데요. 미션 완성자가 없었나요?”

“그게…… 아직 도착하지 않은 학생이 있네. 사실 가장 먼저 미션을 해결한 친구이기도 하지."

"그래요? 그게 누구예요?"

속으로만 생각하고 말은 잘하지 않는 I를 제외하곤 모든 학생이 물었다.

그때, 다시 한 번 뒷문이 삐걱 열렸다.

작지 않은 키, 눈을 덮는 앞머리, 하얀색 셔츠에 깔끔한 청바지를 입은 아이돌을 능가하는 비주얼의 학생이 들어왔다.

모두 뒤를 봤다. 창문으로 햇빛이 스며들어와 실루엣만 보였다. 마치 후광을 입고 나타나는 영화 속 주인공 같았다.

c 크로네커 뭐야. 저 반칙 같은 비주얼은…….

크로네커가 복화술로 말을 꺼냈다.

A 아크만 나 들어올 때도 저렇게 멋있었냐?

t 테리 올~ 멋진데!

여기저기서 나지막한 목소리로 마지막에 등장한 새로운 인물에 대해 한마디씩 거들었다.

H 하울 앗! 저 아이는?

하울의 작은 외침이 가까이 앉은 3반 아이들에게 들렸다.

T 티몬 뭐야. 아는 애야?

H 하울 너 쟤 몰라? 국제 수학 올림피아드 메달리스트!

T 티몬 엥? 우리 학교에 국제 수학 올림피아드 메달리스트가 있다고?

a 에이리 티몬은 자기 공부에만 빠져서 세상 돌아가는 것을 몰라요. 쟤 모르는 사람 너밖에 없을 거다.

m 마크 나도 몰라. 저 비주얼에 수학천재라고? 세상은 불공평해.

I 아이 난 당연히 몰라.

e 이단 너야 전학생이잖아. 하긴 쟤도 전학생이긴 하지.

T 티몬 하울. 좀 자세히 말해봐.

H 하울 글쎄 내가 개인적으로 아는 건 아니고……. 인터넷 포털사이트에서 검색해봐.

m 마크 포털사이트에 등장할 정도야?

H 하울 한동안 떠들썩했던 올림피아드 약물복용 사건의

주인공이야.

m 마크 아! 그 사건? 그런데 약물복용으로 메달이 취소되었잖아.

a 에이리 응, 맞아.

T 티몬 무슨 약물?

a 에이리 오일러 약을 마셨다지, 아마?

I 아이 오일러 약이 뭐야?

T 티몬 먹으면 해석학 분야 문제를 술술 풀 수 있다고 알려진 약이야. 실제로 본 적은 없어. 그런데 에이리, 너도 아는 애야?

a 에이리 지난번 영어선생님께서 수업시간에 교무실에서 노트북을 가져오라는 심부름을 시키신 일이 있었거든. 노트북 전원 찾는 중에 얼핏 선생님들이 나누는 이야기를 들었어. 올림피아드 약물복용 학생이 우리와 같은 학년으로 전학 왔다고. 약물복용 사건 이후 그쪽 학교에 출석하지 못하고 유예되었다가 조금 조용한 곳으로 이사를 왔나봐.

3반의 이단, 마크, I, 하울이 에이리의 이야기에 관심을 집중할 즈음 소리가 들렸다.

I는 자신의 노트에 마지막 참여자의 이름을 적으려고 기다리고 있었지만 프로도샘은 이름을 부르지 않았다.

프로도샘은 웅성거리는 아이들의 목소리를 정돈하려고 교탁을 살짝 두드렸다.

탁탁!

“드디어 모든 학생이 출석을 했군요.”

마지막에 들어온 학생에게 관심을 기울이던 아이들도 프로도샘의 말에 다시 집중했다.

“여러분 모두 반갑습니다. 그 많은 사람 중에 이렇게 한 공간에 모이게 된 인연의 깊이를 생각해봅니다. 수학이라는 연결고리로 우리가 이렇게 이어졌습니다. 이미 잘 알고 있는 사람도 있고 오늘 처음 만난 사람도 있습니다. 앞으로 우리가 함께할 시간 동안 서로를 선입견 없이 알아가는 시간이 되길 바랍니다. 모쪼록 여러분에게도 제게도 의미 있는 시간이 되었으면 하는군요. 수업 시간은 그리 길지 않습니다. 이미 아시는 대로 우리는 방학 중 14일을 만날 겁니다.”

계속해서 프로도샘이 말했다.

“그런데 여러분께 먼저 말씀드릴 것이 있습니다. 이번 수업에서 저는 어떤 강의도 하지 않으려고 합니다. 순수하게 여러분이 이끌어갈 것입니다. 제게 시험을 잘 보는 비법이나 수학을 쉽게 배우는 요령을 기대한 학생들이라면 지금 그만두셔도 좋습니다."

아이들 몇 명이 의아한 표정으로 웅성거렸다. 프로도샘이 다시 말을 이어갔다.

"서로의 수학에 대한 철학, 수학 공부를 왜 하는지에 대한 생각, 그리고 자신에게 깊은 고민을 던져준 문제, 자신이 현재 연구하고 있는 주제 등…… 각자의 이야기를 나눠보며 시험 성적을 떠나 순수하게 수학을 잘근잘근 맛보는 시간을 갖고자 합니다."

족집게 개념강의를 기대했던 몇몇 아이들은 아쉬운 표정을 지었다.

"수학의 안티팬이 대부분인 세상에서 수학을 좋아한다는 말을 하면 사람들이 이상하게 볼까봐 드러내지 못했던 수학에 대한 사랑을 마음껏 표현할 수 있는 시간이 되길 바랍니다.

각자 자신이 수학에 대해서 친구들과 어떤 주제로 이야기할지 정하고 수업을 준비해서 이끌어가게 될 것입니다. 그리고 그 과정을 통해 여러분은 서로 치열하게 토론하고 때로는 편안하게 의지하고 기댈 수 있는 수학 공부 친구를 만들 수 있게 될 것입니다. 또, 아직 자신이 얼마나 수학을 사랑하는지 잘 몰랐던 사람이라면 진학을 잘하기 위해서, 시험을 잘 보기 위해서 등 무슨 목적을 달성하기 위한 수단으로 수학을 생각하는 것이 아니라 순수하게 수학을 바라보는 즐거움을 알게 되길 바랍니다."

부정적인 반응도 있으리라 짐작했던 프로도샘은 의미심장한 말을 이어갔다.

"지금 이 자리에 있는 사람 모두가 저와 수업을 시작하면 좋겠습니다만 이번 수업 방향을 듣고 조금은 다른 생각을 하는 사람도 충분히 나올 수 있으리라 생각합니다. 방학 수업 시작 전까지 여러분은 언제든지 수업을 바꿀 수 있습니다. 하지만 저는 지금 시작한 모두가 함께 마지막 날을 맞이할 수 있게 되길 바랍니다."

프로도샘의 수업 방향에 아이들은 만감이 교차한 표정을 지었다. 자신이 생각했던 것과 다른 수업 방향에 당황하는 반면 자신이 원하는 수업이라고 생각하는 아이들도 있었다.

프로도샘이 말하는 순간에도 메모를 놓치지 않던 I는 노트에 한 문장을 적었다.

"나는 왜 수학 공부를 할까?"

그리고 느낀 점을 메모했다.

"시험이 없는 수학은 어떤 모습일까?
더 좋은 학교에 진학하기 위한 목적 빼고
시험을 더 잘 보기 위한 목적 빼고
순수하게 공부해나간다면 수학은 어떤 과목일까?"

I는 프로도샘의 말씀을 모두 이해할 수는 없었지만 운동을 그만두고 다시 수학을 공부하게 된 자신에게 꼭 필요한 수업이라 생각했다.

프로도샘의 말씀을 끝으로 방학 전 오리엔테이션이 마무리되었다. 프로도샘이 강의실을 나갔다. 아직 정식으로 이름을 소개받지 못한, 마지막에 등장한 학생도 아이들에게 한마디 말없이 나갔다. 프로도샘이 나가자 할 말이 많은 아이들이 하나둘 모였다.

t 테리 뭐야, 내가 생각한 방향과 조금은 다른 시간이군. 난 이번에 그동안 잘 안 풀리던 문제 모조리 여쭤보려 했거든.

A 아크만 네가 수업을 이끌어가야 할 날에 그것을 주제로

진행하면 되잖아.

t 테리 아! 그런 방법이 있었구나!

c 크로네커 하긴 우린 수학이 중요하다며 늘 붙들고 공부하는데 정작 수학 공부를 왜 하는지 스스로에게 물어본 적은 없는 것 같아.

t 테리 지금 한 문제라도 더 풀어야 하는 시간에 너무 배부른 소리는 아닐까?

c 크로네커 그건 그렇긴 하지.

M 매트 크로네커 녀석은 자기 생각보다 테리 말이 우선이라니까!

c 크로네커 야! 야! 아냐! 나도 내 생각이 있다고. 단지 테리랑 우연히 일치한 것뿐이지.

M 매트 알았어. 됐고! 일단 너희들 배 안 고파? 일단 나가서 뭐 좀 먹을래?

프로도샘의 여름 방학 수업 방향이 마음에 들지 않는 테리를 포함해 아크만, 크로네커, 매트는 강의실 밖으로 나갔다.

e 이단 티몬, 네 생각은 어때? 난 좀 의외인데?

T 티몬 족집게 강의를 기대한 거지? 너도?

e 이단 솔직히 말하자면. 더 솔직히 말하면 우리 엄마가 기대하셨지. 이번에 바짝 모르는 내용을 해야 한다고.

a 에이리 그러게. 나도 뭔가 수학을 잘하는 비법이나 시험 잘 보는 노하우 같은 걸 들을 줄 알았거든.

T 티몬 헤이. 마크! 너도 이리 와.

미션통과 후 수업에 참여했지만 아직 아이들과 이야기를 나누지 못했던 마크가 좀 더 가까이 왔다.

m 마크 얘들아. 이해해줘서 고마워.

e 이단 됐고. 넌 이 수업의 방향에 대해 어떻게 생각해?

m 마크 나도 사실 뜻밖이었어. 가장 놀란 건 프로도샘이 강의를 안 하신다는 말씀이었어.

H 하울 난 좋아! 난 너희들에 비해 성적 레벨이 낮지만 이 방향은 옳다고 봐.

솔직히 어려서부터 수학이 중요하다는 말을 지겹도록 듣고 공부해왔는데, 정작 나 스스로에게 왜 수학이 중요한지 질문해 본 적이 없어. 사실 이것부터 질문해본 다음 공부하는 게 더 맞지 않나 하는 생각이 들어. 어디에서도 들어본 적 없던 수업이 될 것 같아서 좋아. 무엇보다 너희들이 관심 있는 주제가 무엇일지 궁금해.

a 에이리 그렇긴 한데, 지금 우리는 한시가 급해. 다른 아이들은 방학 때 선행학습 학원으로 달려갈 준비를 하고 있는데 말이야. 하나라도 더 새로운 것을 배워야 하는 시간에 괜한 사치를 부리는 것은 아닐까?

e 이단 난 일단 엄마한테 여쭤봐야 해. 나한테 내 생각이 있겠어? 생각은 우리 엄마가 다 해주지.

a 에이리 이단 너무 겸손한데? 그래도 이번 미션에서 답이 아닌 것을 지워가자는 네 제안이 한몫했잖아.

m 마크 아이들이 자신의 주제를 가지고 수업을 이끌어간다면 제대로 준비되지 않은 아이가 수업을 진행하는 날도 있지 않을까? 그렇게 되면 우리의 금 같은 시간을 망치는 거 아니야?

a 에이리 아이들끼리 노닥거리다가 끝날 수도 있을 것 같아.

조용히 있던 티몬이 말문을 열었다. 아이들 모두 티몬이 어떤 말을 할지 집중했다.

T 티몬 난 프로도샘을 믿어볼래. 앞으로 계속해서 공부를 하면서도 늘 생각해야 할 문제들이긴 하지만 아직 우리의 공부가 영글지 않았을 때 수학 그 자체에 대해 생각해보는 것도 좋을 것 같아. 늘 나에게 믿음을 주신 선생님이야. 아이들끼리 노닥거리다가 끝날지 아닐지도 우리가 어떻게 준비하느냐에 달려 있는 게 아닐까?

언제나 조용히 아이들이 이야기하는 것을 듣기만 하는 I에게 하울이 말을 걸었다.

H 하울 I! 네 생각은 어때? 이제 너도 좀 듣지만 말고 같이 이야기하자!

I 아이 응……. 나는 수학을 잘 몰라. 운동만 하느라 수학 공부를 제대로 한 적이 없거든. 너희들과 달리 수학을 늘 두려워한 아이지. 잘 모르니까 더 두려워했던 것 같아. 수학이 그렇게 두려워할 대상인가 이번 기회에 차분히 생각해보면 좋을 것 같아.

T 티몬 I는 알면 알수록 매력 있는 친구인 것 같아. 그래, 나도 좋은 시간을 만들 준비를 해야겠어. 내가 맡은 시간이 시간낭비가 되지 않으려면 좋은 주제로 뽑아봐야지.

a 에이리 그나저나 배고프지 않아? 아까 2반 아이들 먹으러 나가던데 우리도 배 좀 채우자.

I 아이 어쩌지? 난 오늘 먼저 가봐야 해.

H 하울 응, 그래! 이단, 마크, 티몬, 너희는 에이리랑 뭐 좀 먹고 갈 거니?

말이 끝나자마자 모두 외쳤다. "좋지!"

먹는 것 앞에서 단결되는 모습은 여느 중학생들이나 똑같았다.

H 하울 I야. 그럼 정리하고 가. 우린 먼저 먹으러 나갈게. 내일 봐.

I 아이 응, 그래. 얘들아. 내일 보자.

T 티몬 철학자 I! 내일 봐.

처음으로 티몬의 다정스런 말을 들은 I는 왠지 설레었다. 조금씩 친구들과 더 친해지는 느낌을 받았다. 전학 온 낯선 곳에서 하울, 그리고 티몬과 같이 멋진 친구들을 많이 만날 수 있게 된 게 모두 수학 덕분이란 생각이 들었다. 가방을 챙기기 전에 I는 다시 한 번 오늘 자신의 노트에 끄적거린 메모를 들여다보았다.

"그래. 움츠리지 말고 내가 더 적극적으로 친구들을 사귀어보자. 다음번에 만날 땐 친구들의 이름을 불러서 놀라게 해야지."

약속시간까지 40분 정도 여유가 있었다. I는 아직 친구들 이름의 정확한 철자까지는 모르지만 발음 나는 대로 자신이 적은 이름을 나열하며 적어놓은 친구들의 특징과 함께 익혔다.

M(매트), A(아크만), t(테리), H(하울), e(이단), m(마크), a(에이리), T(티몬), 나, c(크로네커) 그리고 마지막 친구…….

적어둔 메모와 나열된 이름을 보며 머릿속에 함께 공부할 아이들의 특징과 이름을 새겨 넣었다.

그러다가 I는 갑자기 아주 놀란 듯 큰 탄성을 지르며 벌떡 일어났다.

"어! 이건! 정말 놀라운 우연인걸?"

I는 약속을 미루고 당장이라도 아이들에게 달려가서 자신이 발견한 사실을 알려주고 싶었다.

강의실 밖으로 나간 하울과 에이리, 이단, 마크, 티몬은 학교 앞 햄버거 집으로 향했다.

햄버거 가게 유리벽 너머로 크로네커, 아크만, 테리, 매트가 신나게 웃으며 햄버거를 먹고 있는 모습이 보였다.

H 하울 또 만나는군!

a 에이리 저 똘아이들과도 참 재미있는 만남이야.

e 이단 쟤들은 우리 보고 똘아이라고 할걸.

하울, 에이리, 이단은 함께 웃었다.

마크는 햄버거 집으로 걸어가는 중에도 계속 티몬과 단둘이 말할 기회를 찾는 듯 일부러 천천히 걸었다. 그러고는 티몬과 다른 친구들이 약간 거리를 둘 때를 기다렸다.

m 마크 　　　　티몬, 사실…….

T 티몬 　　　　또 미안하다고? 괜찮아, 마크! 더 이상 마음 쓰지 말고 편히 지내.

m 마크 　　　　이번엔 내가 이긴 거지?

프로도샘과 아이들 앞에서 미안하단 듯이 난처해하던 모습은 없고 승리의 기쁨에 찬 마크를 본 티몬은 순간 의아했다. 잘못 들은 것 같아 다시 물었다.

T 티몬 　　　　뭐?

m 마크 　　　　이번엔 누가 뭐래도 내가 널 이겼다고.

T 티몬 　　　　뭐야. 마크. 날 이기고 싶었던 거야?

m 마크 　　　　그래. 난 항상 네 뒷모습만 보던 만년 2등이잖아. 이번 미션이 진학도 아니고 평가시험도 아니었지만 그래도 내가 너보다 미션을 먼저 풀었다는 것은 확실하지. 인정하지 그래.

T 티몬 마크. 당연히 인정하지. 그런데 네 표정이 아까와는 많이 달라.

m 마크 그래? 당연히 다르지. 내가 이런 열등감이 있다는 걸 다른 찌질이들이 아는 것은 싫거든.

T 티몬 뭐야, 마크. 친구들을 그런 식으로 말하다니.

m 마크 암튼 난 너를 이겨 너무 기뻐. 그리고 이젠 계속 너를 이길 거야.

T 티몬 내가 뭐라고 이렇게 말하는지 별로 기분은 좋지 않네.

티몬은 무척 당황스러웠다. 마크가 자신에 대해 이런 생각을 하고 있었는지 전혀 몰랐다. 그리고 다른 친구들 앞에서 전혀 내색하지 않았다는 점에 한 번 더 놀랐다.

몇 걸음 앞서서 햄버거 집 문을 열려고 하던 하울이 무언가에 한 대 맞은 듯한 티몬의 얼굴을 보고 외쳤다.

H 하울 티몬! 안색이 왜 그래?

T 티몬 아. 아니야.

H 하울 너는 치킨버거지? 우리가 먼저 들어가서 주문해놓

을게.

m 마크 응. 고마워. 난 새우버거!

티몬은 다른 사람이 있을 때와 없을 때 자신을 대하는 마크의 이중적인 모습에 혼란스러웠지만 친구들에게는 내색하지 않았다.

주문한 햄버거가 나오고 아이들은 계속 이야기를 이어갔다.

a 에이리 티몬. 너 어디 아프니? 조금 전까지도 괜찮더니 햄버거 집 들어설 때부터 안색이 안 좋더라.

m 마크 공부 안 하고 우리랑 노닥거리는 게 걱정되는 거 아니니? 우린 괜찮으니 먼저 가도 돼.

H 하울 마크. 넌 꼭 티몬을 보내지 못해서 안달인 사람 같다. 그렇게 말하니까 티몬이 우리를 되게 귀찮게 생각하는 것처럼 들리잖아.

T 티몬 괜한 걱정 그만하고 맛있는 버거에나 집중하자. 그나저나 아까 마지막 아이에 대해서 말하다 말았잖아. 다시 좀 해줘. 에이리.

a 에이리 응. 참! 검색해보면 돼.

에이리는 포털 사이트에서 "수학 올림피아드 약물 사건"을 검색했다.

a 에이리 '최연소 국제 수학 올림피아드 대표 학생, 약물복용으로 알려져 메달 박탈.'

그 당시 올림피아드에서 최연소 중학생이 메달을 땄다는 기사로 화제가 되었지. 그때 얼굴이 다 공개되었잖아. 여기 봐봐.

아이들에게 포털사이트에서 찾은 사진을 보여주었다. 오늘 오리엔테이션 마지막에 등장한 학생의 얼굴이었다.

a 에이리 그러다가 약물복용이 밝혀지고 난 다음부터는 기사마다 얼굴이 가려진 채로 나와.

H 하울 나도 기억해. 난 솔직히 수학 올림피아드에서도 금지약물이 있다는 사실을 그때 처음 알았다니까. 먹으면 수학 잘하는 약이 있다고? 그런 약이 있다면 누구라도 먹고 싶을 텐데.

a 에이리 기사에 보면 그 친구 이름이 나와 있을 거야. 여기 있다! 써메이션! 이름도 참 수학적이지 않아? 써메이션이래. 화제와 부러움의 중심에서 하루아침에 바닥으로 떨어진 천재야.

내가 알기론 그 당시 공황장애가 와서 다니던 학교도 마저 다니지 못하고 유예되었다가 이쪽으로 이사 온 걸로 알고 있어.

e 이단 그러면 우리보다 한 살 많은 건가?

a 에이리 나이는 모르겠어. 워낙에 어려서부터 남달라 학교를 일찍 들어갔다는 기사도 있어.

e 이단 그렇군! 세상 참 좁네. 우리가 인터넷으로 보던 사람과 한 공간에서 공부를 하게 생겼으니.

T 티몬 흥미롭긴 하다. 그 뒷이야기가. 그런 약의 존재가 있긴 한 건가?

a 에이리 내가 알기론 당시 잘사는 동네 아줌마들이 그 약을 사려고 엄청나게 몰렸다던데? 실제로 존재하는지는 모르겠지만 엄청난 값에 거래된다더라.

H 하울 돈 있는 사람들은 뭔 욕심이 그리 많아서 약물까지 먹고 공부를 잘하려고 하는지.

T 티몬 돈 없는 게 다행인지 몰라. 우린 약물 따위에 의지하지 않아도 공부를 잘 해내고 있잖아.

H 하울 난 잘하고 있지 않은데…….

아이들 모두 함께 웃었다.

m 마크 약을 먹기 전에도 뛰어난 천재였으니 이번 프로도샘 수업에서 써메이션과 티몬의 대결이 볼 만할 것 같지 않아? 티몬 어때? 너보다 더 잘하는 아이를 만나는 심정이?

T 티몬 내가 뭘 잘하니?

m 마크 넌 항상 1등이었잖아.

H 하울 마크. 너는 은근히 티몬한테 스트레스를 주는 것 같아.

m 마크 에이. 설마. 그렇게 들렸다면 미안해. 티몬.

a 에이리 저쪽 똘아이들 이제 가는가보네. 자리에서 일어섰다. 어! 아니네. 이리로 오는 것 같아.

M 매트 얘들아. 우리 같이 이야기 나눠도 되니?

H 하울 안 될 것 없지. 티몬, 마크, 에이리, 이단, 너희 생각은 어때?

모두 상관없다는 표정을 지었다. 매트와 아크만이 자리에 함께 앉았다. 먹을 것을 치우고 오느라 늦은 크로네커와 테리는 뭐가 잘 풀리지 않았는지 표정이 좋지 않았다.

t 테리 아크만, 매트. 난 먼저 갈게. 할 일이 좀 있어.

c 크로네커 나도 테리랑 먼저 가볼게.

크로네커와 테리는 먼저 자리를 떴다.

e 이단 재네 기분이 별로 안 좋아 보인다.

M 매트 응. 프로도샘의 수업 방향이 마음에 들지 않은가 봐.

A 아크만 이번 방학 때 족집게 강의도 포기하고 프로도샘 강의를 신청하려고 했는데 공부는 안 하고 엉뚱한 짓 하는 건 아닌가 걱정이 앞서나봐.

T 티몬 너희 생각은 어때?

M 매트 물론 저절로 알게 되겠지만 그래도 수학이라는 걸 왜 공부해야 하는지 그 이유를 내가 나에게 적극적으로 설득해 보는 시간도 필요하다고 생각해. 나는 수학교사가 꿈이거든? 아마도 교사가 되면 이 이야기를 가장 잘 써먹을 수 있지 않을까?

H 하울 나도 같은 생각이야. 계산기가 있는데 왜 수학 공부를 하냐고 만날 그러잖아. 정작 공부하면서 한 번도 수학 자체에 대해 생각해본 적은 없는 것 같아.

e 이단 그래도 난 솔직히 유명한 샘의 족집게 강의를 기대한 게 맞아. 우리 엄마도 내가 이 미션 풀겠다고 방과 후까지 학교에 있어도 간섭하지 않은 건 그런 기대가 있으셨기 때문이라고. 그런데 프로도샘의 강의 방향을 말씀드리면 당장 그만두라고 하실 거야.

a 에이리 그건 나도 마찬가지야.

m 마크 그래도 긍정적인 사람은 티몬, 하울 그리고 2반 아이들이군.

H 하울 너는 아니야?

m 마크 난 티몬과 너희들이 참여하면 같이 할 거야.

H 하울 뭐냐. 너 혹시 티몬을 사랑하냐? 너는 티몬은 티몬이고 나머지는 너희들인 거냐.

m 마크 아…… 아니 그런 뜻은 아니고.

T 티몬 자자! 우리 배도 채웠으니 각자 할 일 하자. 아직 방학 시작 전이잖아. 어떤 주제로 수업을 이끌어갈지 잘 준비해서 서로에게 아깝다고 느껴지는 시간이 되지 않도록 하자.

H 하울 오! 티몬 마무리 본능! 그래, 이쯤에서 빠이빠이 하자. 티몬 너는 어느 쪽으로 가니?

T 티몬 집으로 가.

H 하울 나는 5번가 쪽으로 가야 해.

M 매트 나도 5번가로 가는데.

H 하울 그래? 같이 가자.

e 이단 난 학원 가야 해.

a 에이리 나도.

m 마크 난 과외.

A 아크만 나는 도서관.

H 하울 엥? 도서관?

M 매트 응. 아크만은 도서관이 집이야. 방과 후엔 도서관에서 살아. 거기 있는 책을 다 읽는 게 평생 목표래.

H 하울 헐. 내 주위에는 연구대상이 참 많아.

햄버거 집에서 나온 아이들은 각자 방향으로 삼삼오오 흩어졌다. 티몬, 하울, 매트는 같은 방향으로 함께 갔다.

H 하울 매트라고 했지?

M 매트 응. 미안. 넌 이름이?

H 하울 하울이야. 이쪽은…….

M 매트 알아! 티몬. 전교 1등.

H 하울 쳇! 알고 보니 티몬 유명인사구나. 왜 내가 파이 암기대회에서 1등한 건 아무도 기억을 못 하는 건지…….

M 매트 어! 그래? 네가 파이 암기왕이었어?

H 하울 그래. 내가 쓸데없이 파이값이나 외우고 다녔던 아이다! 어쩔래!

하울은 장난으로 두 주먹을 쥐고 매트를 쳐다봤다.

M 매트 아냐, 아냐! 너도 대단하다! 도대체 파이값을 어떻게 그렇게 많이 외울 수 있니? 규칙이 있는 것도 아닌데.

H 하울 할 일이 없으면 할 수 있어.

매트와 티몬은 함께 웃었다.

M 매트 난 그동안 전교 1등에 외모, 성격까지 좋다길래 뜬소문이겠거니 생각했는데 오늘 짧게 이야기를 나누어보니 왜 그런 말이 나오는지 알겠다. 괜찮은 녀석인 것 같아, 너.

H 하울 뭐야. 티몬은 내 거거든.

T 티몬 하울, 왜 이래 징그럽게.

M 매트 난 전교 1등들은 늘 약삭빠르게 이익이 되는 공부만 쫓아서 하는 줄 알았거든.

아까 프로도샘이 말씀하실 때 티몬이 제일 먼저 그만둘 줄 알았어.

T 티몬 그래?

매트는 다른 반이어서 처음 이야기를 나누어본 티몬, 하울과 잘 맞는 친구가 될 것 같았다.

H 하울 네 친구 아크만 말이야. 똘아이 맞지?

M 매트 하하하! 왜?

H 하울 도서관에 있는 책을 다 읽는다는 게 똘아이 아니면 뭐냐?

M 매트 아크만은 정말 아는 게 많아. 가끔 도서관에서 재미있는 얘길 찾아와 들려주거든. 특히 먼지 쌓인 구석에서 찾은 옛날이야기 같은 거 말이야.

T 티몬 옛날이야기면 역사?

M 매트 우리가 이미 알고 있는 역사는 물론이지만 사람들이 잘 알지 못하는 야사를 찾는 것을 좋아해. 아크만은 이야기

수집가야! 아주 놀랄 만한 이야기가 많아! 책을 읽다가 어디서 전해 내려오는 이야기라면 한 줄만 나와도 거기에 집중하느라 정신이 없다니까.

H 하울 거봐, 똘아이 맞네.

M 매트 아크만이 찾은 그 신비한 이야기들만 모아서 책을 써도 베스트셀러가 될걸? 아크만은 커서 최소한 작가는 될 거야. 그것도 아주 유명한.

T 티몬 넌 아크만을 좋아하는구나!

M 매트 학교성적을 떠나서 어떤 면에서는 부러워. 그렇게 한 가지 관심 있는 일을 전문가처럼 파고드는 게 말이야.

H 하울 그런 딴 짓 하는 거 보면 공부는 못하겠네.

M 매트 그런데, 그게 신기해. 특별히 학원을 다니거나 과외를 받는 것도 아니고 수업을 듣는 게 전부인데 워낙에 책을 많이 읽어서 그런지 이해가 빨라 공부도 잘해.

T 티몬 모르긴 몰라도 이번 프로도샘 수업에서 다양한 친구를 알게 되는 것 같아서 좋다.

M 매트 그건 나도 마찬가지야.

H 하울 뭐야. 이렇게 피어오르는 브로맨스의 향기는…….

매트, 티몬, 하울은 크게 웃었다.

티몬과 하울은 우연히 같은 방향으로 가게 된 매트와 이야기를 나누며 조금씩 서로를 알아갔다. 그런데 건물의 모퉁이를 도는 순간 셋은 매우 빠른 속도로 달려온 누군가와 부딪히며 여기저기로 넘어졌다.

H 하울 아! 누구야!

하울이 손을 짚고 일어서며 버럭 화를 냈다. 그런데 매트와 부딪힌 상대방은 더 멀리 떨어져 넘어진 상태였다. 화를 내려다가 더 심하게 나동그라진 상대방을 부축하러 달려갔다.

H 하울 엥? I였어?

함께 넘어진 티몬과 매트도 옷의 흙을 털며 다가왔다.

T 티몬 I? 네가 왜?

M 매트 아! 너 아까 거기서 본 아이구나. 이름이 I야?

H 하울 야! 약속 있다던 아이가 여기 왜 있어? 약속시간에

늦어서 달려가는 거니?

T 티몬 너같이 빨리 달리는 아이가 길에서 이렇게 뛰면 어떡해?

I 아이 미안…… 미안해. 난 그냥 내가 발견한 걸 빨리 너희들에게 알려주고 싶어서.

H 하울 뭔데?

I 아이 별거 아닐 수도 있는데…….

I의 말투에 자신감이 없었다.

T 티몬 뭔데 I! 네가 달려온 속도를 보면 엄청난 것 같더만.

I 아이 그게……. 중요한 것은 아닌데 그냥 재미있기도 하고 신기하기도 해서…….

H 하울 아! 글쎄 그게 뭔데 나를 이렇게 길바닥에 내동댕이친 거냐고.

M 매트 혹시 나 때문에 말을 못 하는 거면 난 먼저 갈게.

I 아이 아니야, 매트. 괜찮아.

M 매트 어! 내 이름을 알아?

I 아이 응……. 외웠어.

H 하울 아까 열심히 이름과 특징을 메모하는 거 나도 봤는데 벌써 외웠어?

I 아이 그게…… 이름과 관련 있는데 이것 좀 볼래?

I는 프로도샘의 수업을 같이 듣게 된 아이들의 이름을 적은 노트를 꺼냈다. 그리고 자신이 이름을 외우기 위해 아이들의 이름을 한 줄에 쓴 것을 보여줬다.

I 아이 이것이 오늘 프로도샘의 수업 오리엔테이션에 온 아이들의 명단이거든.

T 티몬 우와! I! 너 상당히 꼼꼼한 아이구나!

I 아이 아니, 아니. 그건 아니고 난 너희들처럼 빠른 속도로 따라가지 못해서 늘 무조건 적는 것이 습관이 된 것뿐이야. 그냥 무조건 적는 거야.

M 매트 메모광이군.

T 티몬 그런데 뭐가 재미있다는 거지?

I 아이 아이들 이름의 앞글자만 봐봐.

H 하울 M, A, t, H, e, m, a, T, I, c 그리고 나머지 한 명은 모

른다고 적혀 있네.

T 티몬 마지막 아이의 이름은 써메이션이래. 그러니 S지.

H 하울 그런데?

M 매트 어! MAtHemaTIcS? 수학이잖아?

T 티몬 어! 그러네!

H 하울 우와! 그러네!

자신이 발견한 것에 대한 아이들의 반응이 궁금했기에 I는 물끄러미 아이들의 얼굴을 살폈다.

H 하울 우와! 소름!

M 매트 뭐지?

T 티몬 우연의 일치겠지.

H 하울 우연의 일치도 이럴 수가 있어? 미션은 모든 아이들을 대상으로 했다고.

I 아이 어때? 너희들의 생각은?

H 하울 완전 놀라운데? 이걸 발견한 네가 더 놀라워.

M 매트 흥미롭다! 그럼 혹시 답을 맞힐 학생들은 이미 정해져 있었다는 건가?

T 티몬　　말도 안 돼! 이건 전교생을 대상으로 공개된 문제였다고.

H 하울　　그래도 신기하잖아. 어느 하나 철자가 중복되는 것 없이 딱 맞게 수학이라는 단어를 만들 수 있다는 게 말이야.

T 티몬　　프로도샘은 이미 알고 출석 순서로 정하신 걸까? 그렇다면 내 생각엔 그냥 지나칠 수도 있는 것을 출석 순서로 퍼즐을 맞춘 프로도샘이 더 멋진데?

M 매트　　과연 우연이기만 할까? 아니면 이미 정해진 건가?

H 하울　　에이, 너무 많이 나가지 말자. 정 궁금하면 프로도샘에게 여쭤보면 되겠지.

아이들이 매우 관심을 보이자 I는 다시 자신감을 찾은 눈빛이었다.

H 하울　　야! 이건 나였어도 뛰었겠다. 알려주려고.

I 아이　　응. 사실 약속도 취소하고 너희들한테 알려주려고 이렇게 왔어.

M 매트　　그렇구나. 그럼 계속 학교에 있었던 거야?

I 아이　　응. 발견하자마자 약속을 취소하고 강의실 밖을 막 뛰어나왔어. 그러다가 사실 너희와 부딪히기 전에 한 번 더 부딪

혔어.

T 티몬 조심해, I. 너는 정말 빨리 달리는 아이인데 그 속도로 할머니, 할아버지랑 부딪히면 다치실지 몰라.

H 하울 티몬 넌 참 생각의 폭이 넓어. 여기서 갑자기 할머니, 할아버지들 걱정을 하니 말이야.

T 티몬 우리 할머니께서 지난번에 지하철 계단을 오르다가 급하게 내려가는 대학생 형하고 부딪혀서 다치셨거든. 뼈가 부러지셨는데 어르신들은 뼈가 쉽게 붙지 않아서 한참 고생하셨어.

M 매트 음. 그런 일이 있을 수도 있겠구나.

I 아이 조심할게, 티몬. 안 그래도 강의실 밖에 나오자마자 노마일샘과 부딪혔어.

H 하울 노마일샘이면 수염 있는 수학샘 아냐?

I 아이 수학샘이셔?

H 하울 넌 모르겠구나. 우리는 안 가르치시니.

M 매트 노마일샘과 프로도샘은 우리 학교 수학샘들 중 가장 인기 있는 두 분이야. 노마일샘은 올해 새로 부임해오셨는데 경력이 화려하다고 들었어.

I 아이 응. 인자해 보이시더라. 그런데 눈빛이 강렬해서

조금 무서웠어.

H 하울　　　네가 부딪혀서 화나신 게 아닐까?

I 아이　　　그럴 수도.

T 티몬　　　아프셨겠다. 혼나지는 않았니?

I 아이　　　혼나지는 않았는데 무슨 일로 이렇게 흥분했냐고 물어보시더라. 노마일샘과 이야기가 생각보다 길어져서 너희들 놓치면 어쩌나 하고 이렇게 달려왔어.

H 하울　　　너 대책은 없는 애구나! 우리가 어디 있을 줄 알고 뛰어온 거야?

I 아이　　　뭐. 뻔하지. 배고픈데 배를 채울 수 있는 곳은 학교 주변엔 여기밖에 없잖아.

M 매트　　　그러게. 넌 핸드폰이 없니?

I 아이　　　응. 부모님이 핸드폰에 정신을 뺏긴다고 아직 안 사주셨어.

H 하울　　　천연기념물이지.

T 티몬　　　I! 네 발견 재미있어! 그리고 너의 그 메모습관은 나도 익히면 좋을 것 같아.

M 매트　　　그래, I! 내 이름을 먼저 불러줘서 고마워. 우리 방학 때 만나서 재미있는 시간을 보내자. 프로도샘한테 M, A, t, H, e, m, a, T, I, c, S 출석 배열에 대해 한번 여쭤보자.

I 아이 그래. 재미있게 생각해줘서 고마워.

H 하울 뭘 그런 걸 고마워해? 넌 스스로에 대해 좀 더 자신감을 가져야 해, I!

우리에게 새로운 발견을 알려준 건 너니까 우리가 너에게 고마워해야지. 암튼 M, A, t, H, e, m, a, T, I, c, S가 완전체로 만나게 되면 어떤 일이 벌어질지 궁금하네.

하울이 근사한 미소를 지었다.

아이들과 헤어지고 집으로 온 I는 저녁 식사 자리에서 가족들과 오늘 있었던 일을 이야기한 후 방으로 들어왔다. 조용한 방, 자신의 책상 앞에 앉아 메모했던 노트를 꺼내 오늘의 일을 되돌아보았다. 그러고는 많은 일이 있어 피곤한 몸을 침대에 맡겼다. 불을 껐는데도 아이들의 열광적인 반응이 눈앞에 떠올랐다. 그 생각을 하니 자신을 표현할 자신감이 조금씩 생기는 듯했다. 오늘 만난 좋은 친구들과 앞으로 더 재미있는 일이 일어날 것 같았다. I는 설레서 잠이 오지 않았다.

매트는 점심을 빠르게 먹고 나서 학교 큰 나무 밑 벤치에서 책을 읽고 앉아 있을 아크만을 찾아갔다.

M 매트 뭐하고 있어?

A 아크만 미로를 풀고 있지.

M 매트 미로? 어디 보자. 나도 그런 거 좋아하는데! 엥, 신

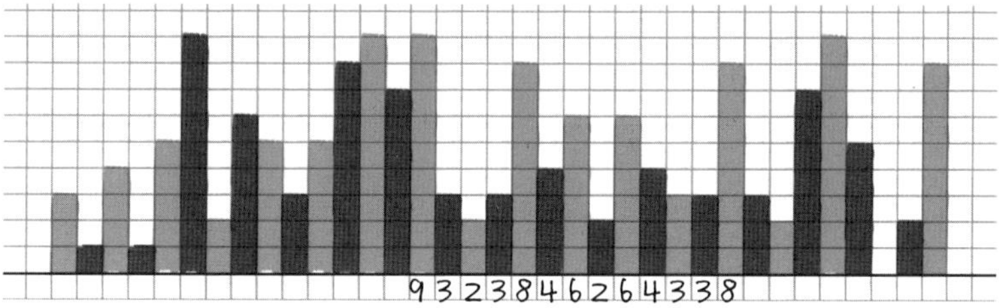

기하네. 꼭 도시의 야경 같아.

A 아크만 그러게. 처음엔 3칸, 1칸, 4칸, 1칸, 5칸……. 그런데 그림의 설명에 따르면 이게 무한히 반복된대.

M 매트 무한 미로란 말이야? 무한 미로는 모순 아냐?

A 아크만 규칙이 있는 것 같기도 하고 전혀 없는 것 같기도 하고.

M 매트 처음 보는 미로인데?

A 아크만 그치? 사실 어제 도서관에서 아주 얇은 라틴어 책을 하나 발견했는데 말이야.

M 매트 라틴어? 오 마이 갓! 나에게 라틴어의 '라' 자도 꺼내지 말아줄래?

A 아크만 라틴어로 된 신화책이 있었어. 라틴어를 어느 정도 한다고는 하지만 아직 어려운 책을 읽을 정도는 아닌데 이 그림이 있어서 그림 설명을 봤어.

M 매트 뭐라고 쓰여 있었어?

A 아크만 응. 이 그림은 만약 이 미로를 옆에서 볼 수 있다면 이렇게 예상된다는 그림인데…….

M 매트 음. 그럼 입체 미로구나.

A 아크만 그런 거지. 그러니까 라인이 한 줄로 가는 경우도

있지만 공간에 따라 모양이 달라진대. 원모양의 공간에선 원을 그리며 채워지고 사각형의 공간에선 사각형 모양으로 채워지는 거야.

M 매트 뭘로 채우는데?

A 아크만 돌!

M 매트 돌?

A 아크만 응. 불규칙한 수의 배열에 따라 돌이 놓여진대. 돌은 무한히 계속 쌓이기 때문에 점점 더 시간이 지나면 공간을 뚫고 나가 엄청난 크기의 미로가 된다는군.

M 매트 미로에 이름은 있어?

A 아크만 파이미로라고 했어. 사전 없이는 알 수 없는 용어가 많아서 전체를 해석할 수는 없었는데 누군가가 이 미로에 갇혀 있다고 했어.

M 매트 뭐 뻔하지. 미로는 원래 가두려고 만든 거잖아. 크레타의 왕 미노스가 반인반수 미노타우로스를 가두려고 다이달로스에게 부탁해서 만들었다지?

A 아크만 응. 나도 파이미로 안에 누군가 갇혀 있다고 가정하고서 풀어보려 해.

M 매트 그렇군! 너 또 한참 빠져 있겠구나! 그건 그렇고

넌 프로도샘의 수업 방향에 대해 어떻게 생각해? 크로네커와 테리는 부정적이던데.

A 아크만 선생님의 수업 방향? 선생님은 수업을 안 하시는 게 수업 방향 아니야?

M 매트 그렇게 해석이 되려나?

A 아크만 난 나쁘지 않다고 봐. 족집게 강의나 입시 노하우를 알려주는 수업은 꼭 학교가 아니어도 들을 수 있잖아. 프로도샘이 말씀하신 주제의 수업을 난 한 번도 들은 적도 없고 해본 적도 없어. 방학 때야말로 여유 있게 수학의 본질에 대해 생각해볼 수 있지 않을까? 물론 우리가 수학을 전공하는 학자가 된다면 그 본질을 평생 좇기야 하겠지. 하지만 꼭 수학을 전공하지 않더라도 우리에게 중요하다고 하는 과목에 대해 우리 생각을 한번쯤 나눠봐야 하지 않을까?

학생이 되는 순간 왜 해야 하는지에 대한 질문도 고민도 없이 중요하니까 공부하라는 식이었잖아. 그리고 거기에 드는 돈이 어디 한두 푼인가? 우리 반 아이들이 수학 공부에 드는 돈을 합치면 어마어마할 것 같은데. 늦었지만 지금이라도 수학에 대한 우리의 생각과 관심을 나눠보는 건 다행스러운 일 아니야?

M 매트 아크만. 너 책 많이 읽더니 말 진짜 잘한다. 교수님

강의를 듣는 것 같았어. 어떻게 수업시간엔 조용히 앉아 있냐? 대단하다. 하지만 너도 알다시피 어제 모였던 아이들 중에는 선생님의 수업 방향에 부정적인 아이들이 절반이야. 우리가 그렇게 한가하게 노닥거릴 시간이 없다는 거지.

A 아크만 원래 중요한 아이디어는 놀 때 나오는 거야. 그게 싫으면 지들이 듣지 않으면 되는 거고.

M 매트 그건 그렇지. 그래도 자기가 갖기엔 싫고 남 주기는 아까운 심정이 아닐까? 아이들은 또 그게 논술준비에 도움이 되지 않을까 생각하기도 하더라.

A 아크만 목적주의자들. 자신의 행동에 꼭 목적을 붙이지. 난 그게 정말 싫어.

M 매트 하지만 너 같은 아이들이 더 드문 것은 알지?

A 아크만 됐고. 그런데 너 왜 나를 찾아와서 나의 사색을 방해하는 거냐?

M 매트 아니, 그냥 미션에 통과해서 원하던 수업도 듣게 됐겠다, 이제 방학도 얼마 안 남아서 책도 눈에 들어오지 않고 해서 너한테 재미있는 이야기나 들으러 온 거지.

A 아크만 재미있는 이야기라…….

M 매트 네가 할 이야기가 없으면 내가 들은 이야기를 해

줄까?

A 아크만 그러든지.

아크만은 크게 관심 없다는 듯 매트의 얼굴은 보지도 않고 미로에만 집중했다.

M 매트 어제 프로도샘 수업 오리엔테이션에서 만났던 3반 아이들 중에 I라는 애 생각나?

A 아크만 나야 모르지.

M 매트 응. 우리 어제 햄버거 먹고 너는 도서관에 간 사이 3반 아이들과 이야기를 좀 더 하다가 티몬이랑 하울이라는 아이랑 집으로 가는 길이었거든. 그런데 I라는 아이와 부딪혔어.

I가 뭔가 발견한 것을 우리에게 알려주고 싶어서 뛰어오는 길이었던 거야.

A 아크만 그 아이는 핸드폰이 없어?

M 매트 응. 천연기념물이래.

A 아크만 그래서?

M 매트 그 아이는 전학을 왔는데 아이들 이름을 빨리 익히려고 우리의 이름과 특징도 메모를 했다는 거지.

A 아크만 내가 어떻게 쓰였을지 궁금하네.

M 매트 그런데 어제 프로도샘이 부른 이름을 순서대로 썼는데 말이야.

A 아크만 썼는데?

M 매트 그 앞글자가 M, A, t, H, e, m, a, T, H, I, c, S라는 거야.

A 아크만 진짜?

아크만이 이야기에 흥미를 막 붙이려는 찰나 점심시간이 5분 정도 남았음을 알리는 종이 울렸다. 수업에 늦지 않기 위해 매트와 아크만은 교실을 향해 빠른 속도로 걸었다.

A 아크만 우리 교실까지 누가 빨리 걷나 내기할까?

M 매트 좋지.

아크만은 빨리 걸었다. 매트도 질세라 빠르게 아크만 옆을 같이 걸어가며 대화를 나누었다.

A 아크만 I라는 친구가 발견했다는 사실 말이야, 나도 호기심이 동하는데?

M 매트 오늘은 내가 재밌는 이야기를 해주었으니 다음엔 네가 찾은 이야기 중에 재미있는 거 들려줘.

A 아크만 그래.

수업에 늦을까봐 빠른 속도로 걸어가던 매트와 아크만은 교실과 반대방향으로 가는 테리와 마주쳤다.

A 아크만 테리, 수업 시작하는데 어디 가?

t 테리 응응. 노마일 선생님이 부르셨다고 해서.

M 매트 노마일 수학샘?

t 테리 으응.

A 아크만 너 그 선생님 알아?

t 테리 배워본 적은 없어.

M 매트 너 뭐 잘못한 거 아니냐?

t 테리 글쎄.

A 아크만 그럼 너 5교시 빠지는 거야?

M 매트 대박! 나도 같이 가면 안 되냐? 내가 제일 고통스

러워하는 라틴어 시간이야.

A 아크만 　　난 라틴어 수업이 좋은데 라틴어는 도서관에서 새로운 이야기를 찾아낼 때 절대적으로 필요한 언어지.

M 매트 　　좋겠다. 수업 빠져서. 잘 다녀와.

매트와 아크만은 교실로 향하고 테리는 노마일샘이 계신 연구동으로 갔다.

t 테리 　　여기는 491호, 493호니까 그럼 반대편이 496호겠군.

'496호.
데니스 노마일
재실'

테리는 문 입구 선생님의 성함과 안에 계신다는 표시를 보고 노크를 했다.

"똑똑똑."

"들어오게."

지적이고 인자한 목소리가 들려왔다. 테리는 조심스럽게 문을 열었다. 커피향이 그윽했다. 민트색으로 칠해진 벽에 수학책과 논문이 빽빽이 꽂힌 책장이 테리의 눈에 들어왔다. 벽을 둘러싸고도 모자라 책들은 테이블 위에 산더미처럼 쌓여 있었다.

t 테리 선생님, 테리라고 합니다. 부르셨다고 해서요.

~ 노마일샘 오! 테리 학생! 반갑네.

t 테리 아! 네.

~ 노마일샘 내 연구실은 처음이지?

t 테리 아…… 네.

~ 노마일샘 이리 와 편히 앉게. 라틴어 선생님께는 미리 양해를 구했으니 걱정 말고 편히 있게.

t 테리 네. 감사합니다.

~ 노마일샘 뭐 좀 마실 텐가? 나야 주로 커피를 마시지만 자네는 아직 커피를 마시지는 않을 거고.

t 테리 아…… 아닙니다. 괜찮습니다. 점심 먹은 지 얼마 안 돼서 배가 부릅니다.

~ 노마일샘 하하하. 너무 조심스럽게 하지 않아도 되네. 그럼 내가 직접 짜온 오렌지 주스를 한 잔 주면 되겠구먼.

t 테리　　아! 네. 감사합니다.

노마일 선생님은 5×5 마방진이 새겨진 컵에 노란 오렌지 주스를 담아 테리에게 주었다. 그리고 커피 한 잔을 따라 한 모금 마셨다.

~ 노마일샘　　마방진이 부적으로 사용되던 시절도 있었네. 4×4 마방진은 목성의 영향을 받아 우울증에 걸린 사람한테 좋다고들 했지. 뒤러의 〈멜랑콜리아 1〉이라는 그림을 보면 우울한 천사가 앉아 있는데 그 뒤로 4×4 마방진이 보이기도 하지. 자네가 마시고 있는 컵은 5×5 마방진으로 창의적인 영감이 필요한 사람들이 몸에 지니고 다니던 부적이었네.

'마방진을 말씀하시러 나를 부르신 건가?' 테리는 도대체 왜 자신을 불렀는지 계속 머릿속으로 생각했다.

~ 노마일샘　　왜 불렀는지 궁금한가?

t 테리　　켁! 켁! 켁!

테리는 머릿속 생각을 들킨 것 같았다. 순간 오렌지 주스가 목에 걸려 기침을 해댔다.

~ 노마일샘 내가 자네 추천서를 써주려고 하는데…….

t 테리 저를요? 왜 저를…….

이번에는 더 놀라 컵을 탁자에 내려놓았다.

~ 노마일샘 선생이야 원래 훌륭한 학생을 추천하는 사람이 아니겠나?

t 테리 그런데 추천서는 저를 지도해주신 분께 받아야 하는데요.

~ 노마일샘 내가 지도를 하면 되지 않겠나?

t 테리 저희 학년 담당이 아니신데요…….

테리는 말끝을 흐렸다.

~ 노마일샘 자네, 이번 방학 때 내 수업을 듣지 않을 텐가?

t 테리 이번 방학 때요?

~ 노마일샘 방학 수업이야 학생이 자유롭게 듣고 싶은 강좌를

선택하는 거 아니겠나?

t 테리 아…… 네……. 그런데 전 이미 프로도샘의 강좌를 신청했습니다.

~ 노마일샘 아! 그렇구먼. 안타깝군. 나는 꼭 자네의 추천서를 써주고 싶었는데 말이야. 자네 같은 우수한 재목의 학생을 위해 추천서를 쓰는 것은 교사로서 보람이지.

t 테리 아! 네. 감사합니다.

~ 노마일샘 자네가 훌륭하신 프로도샘의 수업을 듣게 되었다니 나로서는 더 말하기가 곤란하네. 괜히 학생을 빼앗는 것 같아 말이야. 난 이번 수업에서 입시에 꼭 필요한 노하우와 학생들이 가장 어려워하는 함수문제를 푸는 요령을 준비하고 있지.

t 테리 아! 네. 정말 아이들한테 꼭 필요한 주제라고 생각합니다. 저도 듣고 싶네요.

~ 노마일샘 가끔 방학 중에 수학의 본질은 무엇인지, 수학 공부는 왜 해야 하는지 질문하는 수업이 있다고 들었네. 심지어 학생들에게 수업을 준비시켜 대충 시간을 때우려고 한다던데 그게 사실인가? 난 방학 때도 그따위 한가한 놀음을 할 시간이 없다고 생각하는데 자네 생각은 어떤가?

테리는 마치 프로도샘 말씀을 하는 것 같아 그저 어색한 표정만 지었다. 왠지 프로도샘의 뜻을 어기는 일 같아 크게 내색하지 않았지만 테리의 마음속은 복잡해졌다. 노마일 선생님에게 프로도샘의 강의 방향을 듣고 갈등에 빠져 있는 자신의 마음을 들킨 듯해서 놀랍기도 했다.

~ 노마일샘 테리 학생, 방학 전까지는 수업을 변경할 수 있으니 잘 생각해보길 바라네. 내게 자네 추천서를 쓸 수 있는 기회를 주길 바라네.

테리는 노마일 선생님의 연구실을 나오면서 크게 숨을 내쉬었다. 노마일샘은 마치 자신의 마음을 꿰뚫고 있는 것 같았다. '추천서가 필요한 상황' 그리고 '강의를 학생들에게 맡기겠다는 프로도샘의 강의를 들을까 말까?' 고민하고 있는 사실 모두를…….

테리는 어쩌면 자신에게 필요한 선생님은 수학의 본질을 생각해보게 하는 프로도샘이 아니라 시험에 즉시 통과할 수 있는 노하우를 알려주는 노마일샘이 아닐까, 하는 생각이 들었다. 그리고 그 생각은 노마일 선생님의 연구실에서 교실로 걸어가는 동안 더 강해졌다.

테리가 생각에 잠긴 채 교실로 돌아갈 때쯤 운동장에서 5교시를 마치고 돌아오는 3반 아이들을 보고 한 학생이 외쳤다.

X 학생 야. 너희 반에 마크라고 있니?

H 하울 마크? 있지. 마크!

하울이 크게 마크를 부르자 마크가 걸어왔다.

m 마크 왜? 하울.

H 하울 이 학생이 너를 찾는데?

m 마크 누구지?

X 학생 내가 찾는 게 아니고 노마일샘이 6교시에 496호 연구실로 오라고 하셔서.

m 마크 노마일샘? 수학샘?

마크는 자신을 찾으러 온 학생에게 다시 한 번 확인했다.

H 하울 마크! 무슨 일이야?

하울이 마크의 일에 관심을 보였다.

m 마크 글쎄, 그 선생님한테는 1학년 때 배웠는데. 아! 목 말라. 시원한 물부터 마시고 싶은데…….

체육을 막 끝낸 마크는 갈증이 심하게 났다.

H 하울 연구동하고 물 먹는 데는 서로 반대편인데. 어쩌냐!

곤란하겠다는 듯한 표정을 지은 하울이 말했다.

m 마크 어쩔 수 없지. 뭐. 갔다 올게.

마크는 터덜터덜 연구동으로 향했다.

멀어지는 마크를 보면서 I가 하울에게 물었다.

I 아이 노마일샘은 어떤 분이셔?

H 하울 나야 잘 모르지. 그런데 프로도샘만큼이나 아이들

에게 인기도 많고 수학도 잘 가르치신다고 해.

I 아이 그렇구나.

H 하울 왜? I?

I 아이 응! 어쩐지 난 좀 무서웠어.

H 하울 그건 네가 그 샘과 부딪혀서 그런 거라니까.

I 아이 그것도 있는데 뭔가 기분이 묘했어. 차갑고.

H 하울 그래? 그 차가움 나 좀 주라. 나 지금 더워죽겠어. 여름엔 체육 밖에서 안 하면 안 되나?

I와 하울은 연구동에 가는 마크를 보며 이런저런 이야기를 나누면서 6교시 수업을 위해 교실로 들어갔다.

마크는 연구동 496호 문을 두드렸다.

노마일 선생님 연구실은 아주 시원했다. 운동장에서 체육을 막 끝내고 더위에 헐떡거리던 마크는 저절로 감탄사가 나왔다.

m 마크 우와, 시원하다.

~ 노마일샘 마크 학생?

m 마크 아! 네. 선생님. 제가 너무 더운 나머지.

~ 노마일샘 괜찮네. 체육을 막 끝냈나 보군.

m 마크 아! 예.

~ 노마일샘 그럼 시원한 물 한 잔 들이키게.

m 마크 아? 네? 네. 네. 네. 감사합니다.

마크는 노마일샘이 준 시원한 물을 벌컥벌컥 마셨다. 갑자기 찬 물이 들어가니 골이 띵 했지만 갈증을 해결할 수 있어서 좋았다. 한숨을 돌리자 마크에게 연구실 벽에 걸린 그림이 눈에 들어왔다. 마크는 묘한 분위기의 두 남자가 자신을 쳐다보고 있는 것만 같아 눈을 어디에 두어야 할지 몰랐다.

~ 노마일샘 혹시 무슨 그림인 줄 아나?

m 마크 아아아뇨. 전 그림을 잘…….

~ 노마일샘 그림에 있는 사람은 수도사라네. 지금 유클리드의 『원론』을 펼쳐놓고서 도형을 그리고 있지.

m 마크 어! 그러네요. 정12면체가 있어요. 왼쪽에 있는 것도 입체 같은데…….

~ 노마일샘 26면체라네.

m 마크 그렇군요.

~ 노마일샘 12면체 밑에 놓인 책은 『산술, 기하, 비율 및 비례에 대한 요약』이라는 책일세.

m 마크 그 글씨가 보이세요?

~ 노마일샘 하하. 저 그림의 주인공이 루카 파치올리인데 그 사람이 쓴 책이라 그렇게 해석하는 거지.

m 마크 파치올리가 누군데요?

~ 노마일샘 파치올리는 다빈치의 수학선생이었지.

m 마크 천재 레오나르도 다빈치요?

~ 노마일샘 맞네. 천재를 가르친 스승이지. 다빈치는 파치올리에게 수학을 배우고 나서 자신이 관심 있는 자연철학을 접목하여 후대에 천재로 칭송받는 많은 작품과 업적을 내놓았다네.

m 마크 다빈치는 알았는데 다빈치의 스승 이야기는 처음

들었어요.

~ 노마일샘 원래 선생이란 일이 그런 것 아니겠나. 훌륭한 제자의 거름이 되는 역할이지. 난 파치올리를 보며 내가 다빈치 같은 제자를 가르칠 만한 그릇의 선생이 될 수 있을까 늘 생각한다네.

m 마크 네.

연구실 에어컨과 노마일 선생님이 준 시원한 물, 또 흥미로운 그림 이야기를 곁들어 마크는 더위를 식혔다.

~ 노마일샘 그래서 말인데, 마크 학생. 혹시 나의 다빈치가 되어줄 수 있겠나?

m 마크 네?

~ 노마일샘 마크 같은 제자가 나에겐 꼭 필요한데 말일세.

m 마크 하지만 올해 저의 담당은 이미 브랜슨샘이신데요.

~ 노마일샘 학기 중엔 어쩔 수 없어도 방학 중 수업에는 어떤가?

m 마크 아! 그게 저 사실 프로도샘의 수업을 신청했습니다.

~ 노마일샘 어이쿠 그렇구만. 나보다 더 훌륭한 선생님의 수업

을 듣게 되었다니 내가 더 할 말은 없겠네.

m 마크 별말씀을요. 선생님께서 저를 너무 좋게 평가해주셔서 그저 감사하고 부끄러울 뿐이에요.

~ 노마일샘 사실 난 마크 자네를 최고로 만들고 싶은 바람이 있었다네. 항상 자네를 보며 자네가 만날 2등인 것이 안타까웠지. 1등은 늘 티몬이라는 학생이 하는 것 같던데 내 생각엔 몇 가지만 보완하면 마크 학생도 1등을 할 자격이 충분하다고 생각하네. 그래서 특별히 자네를 불러서 한번 이야기해보는 거네. 하지만 수업을 이미 신청했다고 하니 내 말은 크게 신경 쓰지 않아도 되네.

마크는 자신의 가장 큰 아킬레스건을 들킨 것 같았다. 그림 속 수도사들이 자신을 쳐다보며 '너 티몬을 이기고 싶잖아. 너 1등 하고 싶잖아'라고 말하는 것 같았다.

m 마크 아! 네…….

마크는 말끝을 길게 끌었다.

~ 노마일샘 하지만 마크 자네 생각이 바뀌게 되면 언제든지 환영이니 주저 말고 날 찾아주길 바라네.

m 마크 네, 감사합니다. 선생님.

연구실 밖을 나오며 마크는 얼굴이 화끈거렸다. 마크는 티몬과 초등학교 때부터 항상 같이 다니는 친구였다. 티몬은 모든 면에서 탁월한 아이였다. 선생님들의 칭찬과 관심은 모두 티몬의 것이었다. 그런 티몬이 친구로서 자랑스럽기도 했지만 언젠가부터 아무리 노력해도 티몬을 따라잡을 수 없다는 생각에 마크는 티몬을 속으로 시기했다. 사실 마크가 프로도샘의 미션을 시작한 것도 티몬과 대결해서 한 번은 이기고 싶다는 욕심 때문이었다. 프로도샘의 수업을 들으려 한 것도 티몬을 따라한 것이었다. 만약 노마일 선생님이 자신의 부족한 부분을 채워준다면 반드시 프로도샘 수업을 들을 필요는 없었다. 티몬을 따라잡고 싶었던 마크는 노마일 선생님의 제안을 당장 받아들이고 싶은 마음이 요동쳤다.

테리와 마크가 다녀간 후 노마일샘은 브람스의 교향곡을 틀고 책상에 앉았다. 서랍 안에서 수첩을 꺼내 펼쳤다. 수첩에 적힌 메모를 보며 입가에 냉소를 머금었다. 순간 인자하게만 보였던 노마일샘의 눈빛이 차갑게 변했다.

"가장 약한 것을 거래하면 따라오지 않을 학생은 없지. 테리는 추천서를 선택할 거고 마크는 열등감에 설득되겠지. 테리가 결정이 되면 테리 말에 약한 크로네커는 자연히 따라올 거고.

마크는 가장 마음이 약한 에이리를 설득하겠지. 그리고 엄마가 하라는 대로 하는 이단이야 아주 쉬운 상대고."

"프로도 선생 자네의 계획이 그리 쉽게 진행될 것 같지는 않구려."

노마일 선생은 알 수 없는 의미의 말을 하며 무언가 적힌 종이 위에 선을 긋기 시작했다.

메모는 바로 이번 방학 때 프로도샘의 수업을 듣게 된 학생들의 명단인 M, A, t, H, e, m, a, T, I, c, S였고 그 이름 중 오늘 t, m, a, e, c가 지워졌다.

D-4 부활의 수

드디어 여름방학 날이었다. 더위가 서서히 최절정에 달하고 아이들은 방학식을 하자마자 썰물같이 빠져나갔다. 방학식 날에는 선생님들도 대부분 일찍 퇴근하고 일부 선생님들만 연구실동에 남아 있었다.

사람의 기척이 거의 없는 학교에서 한 아이가 연구동으로 걸어갔다. 써메이션이었다. 훤칠한 키에 하얀 피부, 아이돌 못지않은 외모를 가졌다. 하지만 긴 앞머리 사이로 살짝살짝 비치는 눈에는 원망의 빛이 가득 차 있었다. 그 아이는 연구동을 천천히 걸어올라가 4층으로 갔다. 그리고 496호 앞에 섰다. 아무도 없는 연구실 밖에서 496호를 뚫어지게 바라보았다.

'496이라

1, 2, 4, 8, 16, 31, 62, 124, 248, 496을 약수로 갖는 수.

자신을 제외한 약수를 모두 더하면 자기 자신이 나오는 수.

완전수.

누구에게나 완벽하게 보이는 선생님.

나에게도 한때는 완벽했던 선생님.

왜 그러셨나요?'

알 수 없는 깊은 슬픔을 담은 눈으로 써메이션은 노마일 선생님의 연구실을 한참 응시하다 바로 옆 연구실에 들어섰다. 노마일샘 옆 연구실은 프로도샘의 연구실이다. 프로도샘의 연구실 잠금 패턴은 미션 때 알려진 그대로였다. 프로도샘은 방학 수업 시작 전까지는 11명이 해결한 패턴을 계속 사용하겠다며 언제든 와도 좋다는 말씀을 하셨다.

S 써메이션 샘은 아직도 연구실에 계시네요. 오전에 방학식을 했는데 오늘만큼은 좀 쉬셔야 하는 것 아닌가요?

인사보다는 애정 섞인 투덜댐으로 써메이션이 프로도샘 연구실의 정적을 깼다. 프로도샘 역시 항상 같이 있던 사람을 대하는 듯 호들갑스러운 인사 없이 자연스럽게 대답했다.

∞ 프로도샘 이제 곧 방학 수업이 시작되면 놀 시간이 줄어들 텐데 왜 여태 학교에 있는 건가?

S 써메이션 글쎄요.

∞ 프로도샘 자네는 어떤 수업을 이끌어갈지 생각해봤나?

S 써메이션 글쎄요.

∞ 프로도샘 말하기 싫은가 보군. 그럼 편히 지내다 가게.

S 써메이션 ……

써메이션은 어디에 마음 둘 곳 없는 아이처럼 항상 불안해 보였다. 연구실을 이리저리 돌다가 엽서가 붙어 있는 세계지도를 보았다.

S 써메이션 엽서 때문에 지도가 잘 안 보여요.

∞ 프로도샘 아, 그런가? 엽서가 붙어 있는 나라들은 모두 내가 다녀온 곳이라네. 좋은 곳에서 보냈던 추억을 일상에서도 꺼내 볼 수 있는 방법을 생각하다가 엽서를 사기 시작했지. 동전은 귀국하면 환전이 안 되기 때문에 여행이 끝날 무렵 남은 동전으

로 각 나라를 대표하는 사진이 담긴 엽서를 구입했다네. 세계지도를 사서 내가 다녀왔던 나라의 위치에 엽서를 붙여놓기 시작했지. 지도를 보기 위해서가 아니라 내 추억을 담기 위한 목적으로 사용하다 보니 지도가 잘 안 보일 걸세. 처음엔 썰렁했는데 지금은 제법 많이 모였지?

써메이션은 유심히 엽서가 붙은 지도를 봤다.

S 써메이션　　이 엽서는 뭐죠? 엽서가 놓인 위치는 뉴욕인데 엽서에는 페루라고 쓰여 있군요.
∞ 프로도샘　　자네 질문을 참 오랜만에 받는군.

프로도샘과 써메이션은 이미 오래전부터 알고 있던 사이였다.

S 써메이션　　그런가요.

써메이션의 얼굴에 만감이 교차했다. 프로도샘이 대답했다.

∞ 프로도샘　　EXFILBRA 72라네! 페루지역 잉카인들이 쓰던 결

승문자를 담은 엽서지. 뉴욕 퀸즈 수학박물관에서 구입한 거야. 페루지역 잉카인들은 1500년경 끈에 매듭을 묶어 숫자를 비롯한 여러 가지 정보를 기록하고 전달했거든. 굵은 밧줄에 여러 가지 색깔의 가느다란 밧줄을 묶어서 나타냈어. 매듭의 크기와 위치 색깔에 따라 갖가지 숫자를 표현했지. 책에서만 보다가 직접 박물관에서 눈으로 확인했다네. 처음에는 머리에 다는 장식인 줄 알았어. 너무 예쁘더라고. 직접 가져올 수는 없으니 그림이 담긴 엽서를 대신해서 사온 거라네.

S 써메이션 저도 한번 가보고 싶은 곳이네요. 잉카와 마야. 수학이 발달했던 문명지이죠.

써메이션은 도대체 무슨 일이 있었는지 늘 불안하고 우울하였다. 프로도샘은 그런 써메이션의 표정을 모두 읽었지만 아는 척하지 않았다. 무심한 듯한 표정으로 교사 첫 해부터 남긴 기록들이 있는 책장에서 수첩 하나를 열어 그 속에 있던 사진 한 장을 내밀었다.

∞ 프로도샘 이 사진을 기억하나?

S 써메이션 아!

늘 어둡고 차가운 써메이션의 얼굴에 아이 같은 미소가 잠깐 스쳤다. 사진 속 써메이션은 매우 행복해 보였다.

∞ 프로도샘 4년 전 4월이네.

S 써메이션 이 사진이 있을 줄은 몰랐네요.

∞ 프로도샘 체험학습으로 학급 아이들이 모두 놀러갔던 날이지.

S 써메이션 기억나요, 선생님. 이날의 공기, 풀냄새, 웃음.

∞ 프로도샘 내가 기억하기로는 자네는 늘 표정이 없었지만 활짝 웃으며 즐거움을 감출 수 없던 순간이 있었지. 어려운 수학 문제를 풀고 친구들에게 설명할 때와 바로 저 날의 얼굴이었다네.

S 써메이션 이렇게 저를 기억해주시는지 몰랐습니다.

∞ 프로도샘 어찌 잊겠나? 내가 가르쳤던 제자 중 가장 뛰어난 학생을……. 그 당시에도 내가 자네를 가르친다는 생각은 한 적이 없었다네. 다만 내가 자네의 재능을 오히려 막고 있는 것은

아닌지를 고민했지.

써메이션의 눈가가 서서히 붉어졌다. 그리고 소리 없는 눈물이 주르륵 흘렀다. 프로도샘은 써메이션의 눈물을 아는 척하지 않고 계속 말을 이어갔다.

∞ 프로도샘 어린 나이였지만 자네가 쉬는 시간마다 친구들에게 자신이 공부한 수학 내용을 말해줄 때 그 얼굴표정에 담긴 순수한 열정은 내게 늘 감동을 주었네. 난 자네 같은 보물을 만날 수 있는 것에 무척 감사했어.

S 써메이션 하지만 전 갑자기 떠나면서 선생님께 인사도 제대로 못 드렸어요.

써메이션이 그 일을 얼마나 미안하게 생각했는지가 얼굴에 고스란히 나타났다.

∞ 프로도샘 그 상황은 충분히 이해했다네. 자네 어머니께서 편지를 보내주셨어. 이혼 후 자네와 힘들게 살다가 다시 어렵게 한 결혼이 폭력으로 얼룩졌으니 어떤 어머니가 자신의 아들이

맞는 것을 그냥 지켜보고만 있었겠나? 더구나 자네를 스카웃하고 싶어 하는 학교도 나타났으니 어머니께서 전학을 서둘렀던 것은 너무도 당연한 일이 아니겠나?

S 써메이션 새아빠는 좋은 분이었지만 술만 취하면 절 늘 때렸어요. 맞을 때 고통을 덜 느끼기 위해 아주 어려운 문제를 풀면서 생각을 다른 곳으로 집중시켰죠. 전 수학을 할 때가 가장 행복했거든요. 어쩌면 제가 어린 나이에 정수론 논문을 낼 수 있었던 것은 그 아픈 기억 때문일 수도 있어요. 아픔의 강도가 커질수록 제 수학 공부의 강도도 높아졌던 것 같아요.

∞ 프로도샘 그렇지.

S 써메이션 새아빠와 잘 안 되고 두 번째 결혼마저 실패로 끝나자 어머니는 자신감을 잃으셨어요. 그때 스카웃 제의가 왔고요. 어머니는 제가 유명해지는 것이 두 번의 결혼 실패를 보상받을 수 있는 일이라 생각하셨어요. 저는 어머니의 제안을 거절할 수 없었어요.

∞ 프로도샘 나라도 그랬을 거네.

S 써메이션 그래도 새아빠에게 맞아 몸은 아팠어도 학교에 와서 선생님과 함께 수학 공부를 할 때가 가장 즐겁고 행복했던 것 같아요.

∞ 프로도샘　지금도 늦지 않았다네.

S 써메이션　하지만 전 순수함을 많이 잃어버렸어요. 그리고 수학을 예전처럼 대할 수 있을까 두려워요.

∞ 프로도샘　그 사건은 자네 탓도 아니잖나?

S 써메이션　저를 스카웃하고 싶다는 학교에는 노마일 선생님이 계셨죠. 노마일 선생님은 지금까지 제가 연구한 것이 무엇이냐고 여쭤보셨어요. 저는 전학 가기 전 선생님과 즐기면서 연구하던 내용들을 말씀드렸죠. 노마일 선생님은 선생님을 훌륭한 분이라고 말씀해주셨어요. 그리고 제가 연구한 것을 세상에 발표하자고 하셨죠. 그 발표가 있은 후 저는 천재 타이틀을 갖게 됐어요. 노마일샘은 저를 아주 유명한 스타로 만들어주셨어요. 선생님도 그 발표를 보셨죠?

∞ 프로도샘　놀라운 연구주제였다네. 자네에게 천재라는 타이틀은 전혀 부끄럽지 않아.

S 써메이션　유명해지는 것 자체도 좋긴 했지만 무엇보다 제가 그동안 고통을 잊기 위해 연구했던 내용들이 세상에서 인정을 받아서 더 좋았어요. 그리고 세상 사람에게 인정을 받으니 새아빠에게 만날 맞아 움츠려 있던 제 자신이 활짝 펴지는 기분을 느낄 수 있었죠. 너무 좋았어요.

써메이션은 그동안 하지 못했던 말을 해야겠다고 다짐한 듯 계속해서 말을 이어나갔다.

S 써메이션 그렇게 유명해지니 무엇보다 제가 당시 상황에 자포자기하지 않고 수학 공부를 계속할 수 있는 동기를 심어주신 선생님 생각이 났어요. 인사를 제대로 드리지 못하고 가서 늘 마음에 걸렸거든요. 그래서 노마일 선생님께도 선생님을 만나고 싶다는 말씀을 많이 드렸죠.

하지만 선생님과 연락이 닿지 않았어요. 그리고 전 바로 올림피아드 준비를 해야 했어요. 한국, 홍콩, 영국을 다니며 세계 여러 곳의 학생들을 만나서 실력을 겨뤄보기도 하고 여러 나라 교수님들을 만나 좀 더 깊이 있는 공부를 했어요. 너무 행복했어요. 상을 받기 위해서라기보다는 그 자체가 좋았어요. 다행히 결과도 좋았고요.

∞ 프로도샘 정말 멋진 일이었어. 최연소 국제 수학 올림피아드 대표에 최고의 상까지 받았으니 세상이 떠들썩할 만도 했지.

S 써메이션 하지만 이제 세상은 저를 상에 눈먼 약물복용 짝퉁 천재로 기억할 뿐이죠.

∞ 프로도샘 써메이션…….

S 써메이션　　도대체 어디서부터 꼬였는지 아직도 잘 모르겠어요. 전 노마일샘이 시키는 대로 했을 뿐인데요. 저는 변한 게 없는데 전 하루아침에 천재가 되었고 하루아침에 약물복용 짝퉁 천재가 되었어요. 세상 사람 누구도 제 말을 듣지 않고 온통 나보다 더 나를 잘 아는 사람들뿐이에요. 처음엔 이 황당한 일이 너무 억울해서 누구라도 붙잡고 말하고 싶었는데요, 어느 순간 그 반대가 되었어요.

∞ 프로도샘　　……

프로도샘은 그저 써메이션의 말에 귀 기울일 뿐이었다.

S 써메이션　　저는 맹세코 그런 약을 먹은 적이 없어요. 그런데 그 약을 먹었다고 기자들에게 말한 사람이 노마일 선생님이셨어요. 전 이해할 수가 없어요. 저를 세상의 맨 꼭대기로 올려주셨던 분도 노마일 선생님이시고, 저를 바닥으로 떨어뜨린 분도 그분이세요. 마치 저를 떨어뜨리기 위해 가장 높은 곳으로 끌어올린 것 같다는 생각이 계속 들어요.

써메이션의 분노가 온몸으로 나타났다.

S 써메이션 제가 유명세를 치를 때도 나이 어린 제가 직접 기자들과 말하지 않는 편이 좋겠다고 하셨지요. 모든 계획과 생각은 노마일 선생님을 통해서 세상에 전해졌죠. 그러다보니 세상은 제 이야기를 노마일 선생님으로부터 듣게 되었어요. 그런데 어느 날 노마일 선생님이 뉴스에서 제가 약을 먹고 올림피아드에서 좋은 성적을 거두는 부정을 저질렀다고 말씀하셨어요. 전 그 장면을 보면서도 믿을 수가 없었어요.

∞ 프로도샘 선생님은 자네에게 뭐라고 하셨나?

S 써메이션 그게 저는 도저히 이해가 되지 않아요, 선생님. 노마일 선생님은 저에게 아무런 말씀도 하지 않으셨어요. 세상이 얼마나 재미있는지 뉴스를 통해서 보라고만 하셨죠. 저는 어디서부터 어떻게 제 억울함을 풀어야 하는지 몰랐어요. 아무리 진실을 말해도 사람들은 믿지 않았어요. 사람들은 권위 있는 노마일 선생님의 말씀이 무조건 진실이라고 생각했어요.

∞ 프로도샘 도대체 노마일 선생님이 왜 그러신 걸까?

S 써메이션 모르겠어요. 정말 모르겠어요. 노마일 선생님은 저를 그냥 내버려두고 다른 학교로 가셨어요. 학교에 덩그러니 남겨진 제가 아이들로부터 받은 상처가 과연 지워질 수 있을까요? 저는 무서운 세상에 졌어요. 무엇보다 가장 슬픈 건 제가 수학

을 예전처럼 즐겁게 공부할 수 없게 되었다는 거였어요. 전 마음에 큰 화상을 입어서 수학책을 볼 때마다 너무 아팠어요. 모든 것이 멈추었어요. 무한을 상상하며 행복했던 저의 머리는 아주 깜깜해졌지요. 어디에도 출구가 없는 어두운 곳에 혼자 남은 기분이었어요.

써메이션은 꾹 참아왔던 눈물을 하염없이 흘렸다. 써메이션이 이렇게 오랫동안 많은 말을 쏟아낸 적은 없었다. 프로도샘도 자신이 아낀 제자가 잊고 싶은 기억을 고통스럽게 말하는 모습에 가슴이 찢어졌다.

∞ 프로도샘 내 가슴이 너무 아프네.

써메이션은 한참을 울었고 프로도샘은 기다려줬다.

시간이 얼마나 지났을까? 써메이션이 말했다.

S 써메이션 선생님, 죄송해요…….

∞ 프로도샘 그게 무슨 말인가?

S 써메이션 이렇게 속마음을 풀어놓고 기대어 울 수 있는 사람

이 제게도 있어서 무척 감사한 날이에요. 그리고 그 사람이 제게 수학의 아름다움을 처음으로 깨우쳐주신 선생님이라는 사실이 너무 벅찹니다.

그 후로도 써메이션은 한참을 더 울었다. 날개를 다쳐 날지 못하는 아기 새를 어루만지듯 프로도샘은 써메이션의 등을 토닥토닥 쓰다듬어주었다.

∞ 프로도샘 　　자네가 내 미션에 참여한 것을 보고 내가 얼마나 기뻤는지 아나? 가장 먼저 미션을 해결하고 버튼을 누르고 들어오는 사람이 자네일 때 난 정말 기뻤다네. 그런데 그러기까지 이렇게 힘들어 하고 있었다니……. 내가 먼저 그 마음을 헤아렸어야 하는데 자네가 먼저 다가오길 마냥 기다리기만 했네. 정말 미안하네.

S 써메이션 　　아니에요. 선생님.

∞ 프로도샘 　　시간이 지나면 잊히겠지라는 말은 하고 싶지 않네만 수학을 통해 새아버지로부터 받은 고통을 치열하게 잊었듯이 이 상처 역시 자네가 좋아하는 수학의 열정을 통해 아물기 바라네.

S 써메이션　　네. 감사합니다.

써메이션의 얼굴이 한결 편해 보였다.

∞ 프로도샘　　써메이션, 이번에 어떤 주제로 수업을 할지 생각해 둔 것은 있나?

프로도샘은 써메이션이 발표할 주제가 궁금했다.

S 써메이션　　어려서부터 쭉 갖고 놀았던 미로에 대해 생각해볼까 해요.

∞ 프로도샘　　미로? 매력적인 주제군! 내게 미리 귀띔이라도 해줄 수 있나?

S 써메이션　　정확히 언제인지 잘 모르지만 파이미로라는 것을 본 적이 있어요.

∞ 프로도샘　　파이미로? 자네가 파이미로를 본 적이 있다고?

프로도샘은 매우 놀란 듯 말했다.

S 써메이션 파이미로를 선생님도 아세요?

∞ 프로도샘 그럼 알다마다. 나도 무척 흥미롭게 생각하는 미로라네.

프로도샘은 파이미로의 존재를 알고 있는 것을 넘어서 관심이 아주 많아 보였다.

∞ 프로도샘 자네가 파이미로를 연구했다고?

S 써메이션 네. 사실 연구라기보다 파이미로는 저의 장난감이었어요. 어릴 적 처음 보고 심심할 때 머릿속에서 늘 갖고 놀던 놀잇감이자 친구예요. 이번 일을 겪으며 철저히 혼자가 되었을 때도 제가 유일하게 갖고 놀았던 미로예요. 그 미로의 길을 어떻게 찾을 수 있을까 생각하다보면 세상의 모든 것을 잊을 수가 있었어요.

∞ 프로도샘 그 미로를 탈출할 수 있는 방법을 알아냈다는 건가?

S 써메이션 네. 조심스럽지만 그런 것 같아요.

프로도샘은 그 해법을 당장 알고 싶었지만 성급히 묻지 않았다.

∞ 프로도샘　어떻게 그 해법을 알아냈는지 말해줄 수 있겠나?

S 써메이션　생일날에도 친구 없이 방에 있다가 문득 든 생각이 있었어요. 파이의 무한하고 불규칙한 수의 배열에 내 생일이 들어 있지 않을까? 궁금했죠. 먼저 제 생일을 month-day-year로 배열을 했어요. 제 생일은 2006년 2월 20일이니까 22006이 되죠. 그리고 컴퓨터 프로그래밍으로 파이를 계산해서 돌리고 생일이 있는 숫자배열을 찾아봤어요.

∞ 프로도샘　파이값에서 자네의 생일 숫자배열 22006이 찾아지는지 파이값 계산 프로그램을 돌린 거군. 무척 흥미롭네! 결과는 어떻게 되었나? 그 배열이 있었나?

프로도샘은 써메이션의 대답을 기다렸다.

S 써메이션　네! 파이값의 126440번째에 나타났어요.

∞ 프로도샘　오! 그 배열이 존재했단 말인가?

S 써메이션　네! 우연일 수도 있지만요. 신기했어요. 그래서 제 주변에 있는 사람들의 생일 숫자배열을 모두 입력해봤지요. 결과는 빙고! 일단 제가 입력한 생일 숫자배열은 모두 찾을 수가 있었어요.

∞ 프로도샘 거! 참! 재미있군! 그런데 파이값에 생일 배열이 나오는 것과 파이미로의 해법이 어떻게 관련이 있다는 건가?

S 써메이션 파이미로를 벗어나는 것은 파이미로에서 새롭게 태어나는 것이잖아요.

∞ 프로도샘 그렇게 생각할 수도 있겠군.

S 써메이션 파이미로를 만든 사람이 누군지 모르지만 미로의 탈출구를 만들어두었을 것이고 혹시 자신의 생일과 연결 짓지 않았을까 하는 영감이 떠올랐어요.

∞ 프로도샘 탁월한 직관이군!

S 써메이션 직관을 논리적으로 설명하는 게 어려웠지만 그래도 파이미로 덕에 저는 혼자였던 시간을 견뎌낼 수 있었어요. 그리고 파이미로에 대한 연구 결과를 이번에 친구들에게 발표해볼까 해요.

∞ 프로도샘 자네 수업이 아주 기대가 되는군.

써메이션에게 방학 때 다시 보자는 프로도샘의 인사가 매우 절실하게 느껴졌다. 약물사건이 있기 전 그에게 방학은 교과서에만 얽매이지 않고 자신의 상상력을 펼치며 수학의 세계를 탐구하는 기간이었다. 하지만 약물사건 이후 그 즐거움을 맛보지 못했다. 하지만 오늘 자신에게 있었던 일과 억울함을 실컷 울며 토로하여 홀가분해진 마음이 커지자 주변의 숫자들이 마음속으로 더 잘 들어왔다.

써메이션은 프로도샘의 연구실을 나오며 어둠의 일부를 벗어난 기분이 들었다. 그동안 억눌려 있던 직관과 영감이 봇물 터진 듯이 자신의 머릿속에 떠올라 랩으로 흥얼거렸다.

"♪우선 마음대로 숫자가 다른 세 자리 수를 쓰자.

♪그다음 선택한 숫자를 숫자가 큰 것부터 차례대로 쓰자.

♪앞의 수의 역순으로 또 하나의 수를 쓰자.

♪그런 다음 그 두 개 수를 빼자!

♪이런 계산을 반복해서 진행하자!

♪단 이렇게 계산하는 가운데 나타난 0은 버리지 말아야 하지.

♪최대 8번을 하면 그 안에 반드시 495가 나오지.

♪495는 프로도샘 연구실.

♪프로도샘은 나를 다시 부활시켜주신 분이지.

♪495는 다시 살아나는 부활의 수지.

♪우선 마음대로 숫자가 다른 네 자리 수를 쓰자.

♪그다음 선택한 숫자를 숫자가 큰 것부터 차례대로 쓰자.

♪앞의 수의 역순으로 또 하나의 수를 쓰자.

♪그런 다음 그 두 개 수를 빼자!

♪이런 계산을 반복해서 진행하자!

♪단 이렇게 계산하는 가운데 나타난 0은 버리지 말아야 하지.

♪최대 8번을 하면 그 안에 반드시 6174가 나오지.

♪6174는 다시 살아나는 부활의 수라네."

프로도샘은 창 너머로 저절로 떠오르는 숫자에 대한 영감을 흥얼거리며 학교를 걸어나가는 써메이션의 뒷모습을 보았다.

"써메이션, 이제 서서히 예전의 모습으로 돌아가는 건가?"

그 순수하고 열정적인 모습을 다시 볼 수 있게 되어 프로도는 행복했다.

D-3 수학이란?

새 아침에 써메이션이 마주한 세상은 어제와 달랐다. 세상 모든 숫자가 다시 말을 걸기 시작했다. 그동안 자신들을 아는 척 해주지 못한 것이 섭섭했는지 숫자들은 서로가 자신을 먼저 봐달라는 듯 써메이션의 머릿속에 나풀거렸다

써메이션은 자신의 수업을 준비하기 위해 도서관에 가는 중이었다. 어제 부르던 랩을 계속 읊조리며 걸었다.

"♪우선 마음대로 숫자가 다른 세 자리 수를 쓰자.

♪그다음 선택한 숫자를 숫자가 큰 것부터 차례대로 쓰자.

♪앞의 수의 역순으로 또 하나의 수를 쓰자.

♪그런 다음 그 두 개 수를 빼자!

♪이런 계산을 반복해서 진행하자!

♪단 이렇게 계산하는 가운데 나타난 0은 버리지 말아야 하지.

♪최대 8번을 하면 그 안에 반드시 495가 나오지.

♪495는 프로도샘 연구실.

♪프로도샘은 나를 다시 부활시켜주신 분이지.

♪495는 다시 살아나는 부활의 수지.

♪우선 마음대로 숫자가 다른 네 자리 수를 쓰자.

♪그다음 선택한 숫자를 숫자가 큰 것부터 차례대로 쓰자.

♪앞의 수의 역순으로 또 하나의 수를 쓰자.

♪그런 다음 그 두 개 수를 빼자!

♪이런 계산을 반복해서 진행하자!

♪단 이렇게 계산하는 가운데 나타난 0은 버리지 말아야 하지.

♪최대 8번을 하면 그 안에 반드시 6174가 나오지.

♪6174는 다시 살아나는 부활의 수라네."

그때 뒤에서 웃음소리가 들렸다.

c 크로네커 미쳤다니까?

t 테리 난 직접 눈으로 확인해야 직성이 풀려.

m 마크 야! 가지 마.

테리는 크로네커와 마크를 뿌리치고 써메이션에게 다가갔다.

t 테리 이봐, 친구. 나를 기억해?

써메이션은 숫자들과 놀고 있는 자신을 방해한 아이들을 불쾌한 눈빛으로 바라보았다.

t 테리 뭐야. 분위기가 왜 이렇게 살벌해.

S 써메이션 29632.

t 테리 뭐야. 어쩌자는 거야.

S 써메이션 네 옷에 적힌 번호 말이야.

t 테리 그게 뭐.

S 써메이션 재미있는 수야! 네 옷에 적힌 숫자를 적당히 골라

곱하면 29632가 되지.

c 크로네커 미쳤다니까. 그래서 우리 학교에 전학 온 거래. 상대하지 마.

S 써메이션 32×926 = 29632.

t 테리 뭐하자는 거야.

S 써메이션 네 가방의 바코드 숫자 일부 702189. 그 숫자들로 2개의 숫자를 골라 곱해서 다시 그 수를 만들어봐.

t 테리 너 지금 시비 거는 거야?

S 써메이션 9×78021. 너무 어려운가? 그럼 126으로 바꿔주지. 126 중에 어떤 숫자를 골라 곱하면 다시 126이 나올까?

c 크로네커 뭐지?

S 써메이션 내 말이 헛소리로 들려?

t 테리 뭐야?

S 써메이션 난 너희들 얘기가 헛소리로 들려. 차라리 내 숫자놀이는 흥미라도 있지.

분위기가 심상치 않아 보이자 뒤에서 이 장면을 지켜보던 마크, 이단, 에이리가 다가왔다.

a 에이리 어이! 약물중독!

c 크로네커 짝퉁 천재! 난 내가 못하는 걸 인정하면 인정했지 너같이 허세는 안 부려.

아이들은 서로 돌아가며 비웃었다.

t 테리 저런 미친놈이랑 이 좋은 방학에 수학을 공부해야 했다니……. 안 듣기로 결정한 건 정말 잘한 일 같다. 안 그래? 친구들? 너희들도 나랑 같이 그 수업을 듣지 않기로 한 걸 고맙게 생각하게 될 거야.

m 마크 당연하지, 테리. 멀쩡한 얼굴에 혼자 중얼대는 써메이션이란 놈을 직접 보게 되니 노마일 선생님의 제안이 다시 한 번 감사하게 느껴지는군.

하지만 써메이션은 전혀 흔들림이 없었다.

S 써메이션 말 다 끝났니? 난 바빠. 그만 가볼게.

돌아가려는 써메이션을 크로네커가 막아섰다.

c 크로네커 어이 친구. 그러면 섭섭하지. 우리가 이래 봬도 미션을 함께 통과한 특별한 인연인데 네가 짝퉁 천재가 아니라는 것을 한번 증명해보지 그래.

m 마크 노력 없이 약물로 결과를 얻으려고 했다니 난 이런 종류의 인간은 딱 질색이야.

인터넷으로만 알려진 사실로 마크, 테리, 크로네커, 이단, 에이리는 써메이션을 무차별적으로 공격했다.

그때 아침 일찍 도서관 안에서 자신이 발표할 주제를 연구하던 I가 잠깐 쉬러 나온 사이에 그 광경을 보게 되었다. 황급히 매트, 아크만, 티몬, 하울을 불러 같이 나갔다.

T 티몬 야! 안녕. 너희들 무슨 일이야? 방학 내내 볼 건데 또 여기서 보네.

티몬 앞에만 서면 작아지는 마크가 응대했다.

m 마크 그냥 우리끼리 약물복용 짝퉁 천재와 이야기를 나누고 있었을 뿐이야.

H 하울 무슨 말이 그렇게 격해. 앞으로 같이 공부할 사이인데.

M 매트 그래서 너희들은 써메이션에 대해서 잘 알고 말하는 거야?

a 에이리 그러는 너희는 뭘 안다고 끼어드는 거니?

T 티몬 뭘 모르니까 앞으로 차차 알아가자는 거지. 정확하게 확인되지 않은 사실로 사람을 공격하면 되니?

t 테리 그래 미안하다, 우리는 신사가 아니어서. 난 원래 추천서만 쫓아다니는 속물이잖아.

M 매트 그런 말이 아니잖아.

T 티몬 얘들아. 여기는 도서관 앞이야. 이렇게 여러 명이 서서 실랑이를 벌이는 건 옳지 않은 것 같아. 그리고 앞으로 프로도샘 수업에서 계속 만날 사이인데 이렇게 얼굴 붉히지 말자.

m 마크 어! 티몬! 미안한데 난 이번 방학 때 프로도샘 수업은 듣지 않기로 결정했어. 물론 에이리도 동의했고. 그리고 2반의 테리와 크로네커도 그렇게 결정했지.

e 이단 나도 엄마가 듣지 말래. 족집게 강사를 알아두셨다고. 그런데 마크가 추천해줘서 노마일 선생님 수업에 같이 들어갈 수 있게 됐어. 오늘 우리가 같이 모여서 최종 결정을 했고.

T 티몬 그래? 프로도샘도 아셔?

m 마크 아니! 말씀 안 드렸어. 오리엔테이션에서 꼭 와야 한다고 말씀은 안 하셨잖아. 그냥 권유하셨지.

T 티몬 그래도 말씀드리는 게 예의가 아닐까?

t 테리 그럼 우리 대신 너희들이 말씀드리렴.

T 티몬 그렇게 미션에 집중했던 것은 프로도샘의 수업을 듣고 싶어서 그런 게 아니었니? 기회가 왔는데 그렇게 쉽게 포기하다니 당황스럽긴 하다.

m 마크 프로도샘의 미션에 집중한 건 너를 이기고 싶어서였어. 난 너를 이겼고 앞으로도 너의 그늘 아래서가 아니라 맨 앞에서 인정받게 될 거야.

H 하울 야! 마크. 너 오늘 왜 이리 예민하냐?

m 마크 이게 원래 나야. 그동안 티몬 옆에서 착한 척하느라 힘들었다고. 난 원래 속물이야! 그리고 나와 같은 속물 친구들하고만 만나니까 정말 편하고 좋다.

t 테리 그러게나 말이야. 내가 추천서 받으려고 프로도샘 미션에 참가했다고 은근슬쩍 까던 놈들이랑 같이 공부를 안 하게 되다니! 속이 다 후련하다.

I 아이 그렇게까지 말할 필요는 없잖아.

e 이단 오오! 말없이 듣고만 있던 I도 말을 하는 거 보니 많이 발전했네.

써메이션은 표정 없이 이들의 대화를 지켜보고 있었다.

T 티몬 좋아! 뭐 사람마다 생각은 다 다르니까. 그리고 자신이 원하는 것을 하는 게 중요하지. 암튼 아쉽다. 너희들과 다양한 주제로 수학 이야기 나누고 싶었는데 못 하게 돼서 말이야. 하지만 너희들도 좋은 시간 보내길 바라. 그리고 이제 그만 끝내자.

m 마크 그래, 티몬. 각자의 자리에서 잘 보내자고. 다음 학기 시험에서 겨뤄보자!

마크, 에이리, 이단, 테리, 크로네커는 써메이션을 한 번 쳐다보고 도서관으로 들어갔다.

매트, 아크만, 티몬, 하울, I와 써메이션이 남았다.

H 하울 도대체 이게 웬 난리야. 마크는 왜 그리 속이 꼬였어? 내가 알던 마크가 맞는지 놀라워.

T 티몬 그러게……. 날 너무 싫어하나보다.

I 아이 네가 너무 잘해서 질투하나보다.

M 매트 그나저나 써메이션이라고 했니?

S 써메이션 내 이름을 내가 말한 적이 있던가?

A 아크만 아니. 우리 대화를 나누는 것도 처음이야. 우린 너를 인터넷으로 알게 됐어.

S 써메이션 그럼 너희들도 내색하진 않아도 속으로는 약물중독 짝퉁 천재로 나를 보겠구나.

T 티몬 전혀 그렇지 않다고 말하지는 않을게. 하지만 일단 우리는 프로도샘이 제안한 수업을 함께 이끌어갈 학생으로 알고 있어. 앞으로의 관계는 우리가 이 소중한 시간을 어떻게 쓰느냐에 달려 있잖아. 약물중독 짝퉁 천재의 오명을 벗는 것 역시 너의 몫이라는 생각이 드는데. 네 생각은 어때?

H 하울 그렇군! 나만 걱정하면 되는 거군!

답 없는 써메이션을 대신해서 어색한 상황을 모면하고자 하울이 답했다. 분위기 메이커 하울은 자신을 유머 대상으로 삼아 분위기를 전환하는 데 탁월했다.

그때 아크만이 말했다.

A 아크만　　그럼 11명의 M, A, t, H, e, m, a, T, I, c, S는 깨지는 거군. 그래, 우연일 줄 알았어.

M 매트　　그렇게 되는 건가?

T 티몬　　그런데 잠깐!

티몬이 잠깐 생각을 하더니 말했다.

T 티몬　　아이들이 빠져나가도 프로도샘 수업에 남은 아이들 이름의 앞글자는 여전히 M, A, T, H, I, S야.

처음으로 써메이션이 먼저 말을 걸었다.

S 써메이션　　그게 뭐지?

H 하울　　응. 우리의 I가 프로도샘 미션을 통과한 아이들의 이름 이니셜을 적어보니 MAtHemaTIcS였대. 그런데 이제 그 중 다섯 명이 빠져나갔으니 MATHIS가 된 거지.

M 매트　　MATH IS…… 수학이란? 뭐야, 프로도샘의 강의주제와 같잖아. 약간 오싹한 느낌이 드는 건 나만 그런가?

T 티몬　　우연이겠지.

A 아크만 아니면 운명이던가.

T 티몬 프로도샘은 저 아이들이 수업에 참여하지 않는다는 사실을 아실까? 괜히 수업 첫날 상처받지 않으실지.

S 써메이션 안 돼. 프로도샘이 상처받게 할 수는 없어.

갑자기 단호한 어조의 써메이션의 발언에 티몬, 매트, 아크만, I, 하울은 당황했다.

T 티몬 우리도 그렇게 생각해.

I 아이 아이들이 빠져나갔다고 할 수도 있지만 우리에게 주어진 시간이 더 많아졌다고 생각할 수도 있잖아. 우리가 더 배로 준비해서 좋은 수업이 되도록 하자.

H 하울 짝퉁 천재라고 해도 난 써메이션의 수업이 많이 기대돼.

전학생 I를 먼저 챙겨주었듯이 새롭게 들어온 사람이 잘 적응하도록 배려하는 하울의 마음은 오늘도 빛이 났다.

T 티몬 우리 오늘 이렇게 만난 것도 인연인데 서로 어떤

수업을 준비할 예정인지 이야기해보는 건 어떨까? 피하는 건 아니지만 도서관으로 다시 들어가면 아까 그 아이들과 또 부딪힐 게 뻔하니까 다른 장소에 가서 함께 이야기 나누는 건 어때?

I 아이 난 찬성!

M 매트 나도!

A 아크만 나도!

티몬, 매트, I, 아크만은 써메이션을 쳐다봤다.

S 써메이션 좋아! 그렇게 하자!

T 티몬 그럼 학교가 어때? 학교가 조용하고 좋을 것 같아.

다 함께 학교로 향해 걸어갔다.

H 하울 그런데 왜 아이들이 갑자기 노마일 선생님 수업으로 갈아탄 거지?

A 아크만 지난번 노마일샘이 마크를 부른 날 제안하지 않으셨을까?

M 매트 내가 알기론 우리 반 테리도 그날 노마일샘과 상

담을 한 것 같던데.

S 써메이션 노마일샘은 학생 빼가는 데 둘째가라면 서러워할 분이시지.

T 티몬 써메이션, 노마일샘을 알아?

S 써메이션 그건 별로 말하고 싶지 않아. 하지만 확실한 건 프로도샘과 달리 그분은 아이들을 자신이 달성해야 할 목적의 수단으로 대하는 분이야. 자신의 목적을 위해 학생 한 명의 열정을 꺾는 것은 아무 일도 아닌 분이시지.

티몬의 미간이 찡그려졌다.

T 티몬 아까 내가 그 친구들에게 너의 입장을 말할 때도 그랬지만 확실하지 않은 험담은 우리 서로 하지 않았으면 해.

I 아이 아니! 꼭 써메이션 말이 틀린 것 같지는 않아. 노마일 선생님은 그 아이들이 이미 프로도샘의 수업을 듣기로 약속했다는 걸 알았을 텐데 왜 그런 제안을 하셨을까?

H 하울 그게 무슨 말이야? 노마일샘이 이미 알고 계셨다니……. 아시고도 일부러 수업을 바꾸라고 하셨다는 말이야?

I 아이 사실 내가 지난번에 프로도샘과 오리엔테이션을

한 날, 너희들은 먼저 가고 나는 약속이 있어서 강의실에 남아 있었잖아. 그때 우리 이름 첫 자가 M, A, t, H, e, m, a, T, I, c, S인 사실을 알고 신기해서 너희들에게 알려주려고 전속력으로 뛰어갔었지.

H 하울 그래, 그래서 노마일샘이랑 부딪혔다고 말했잖아. 그런데 그게 뭐.

I 아이 그때 아주 다정한 모습으로 나에게 무슨 일이냐고 여쭤보셨어.

A 아크만 맞아! 그때 너 노마일샘과 대화하고 늦어서 우리 놓칠까봐 급하게 뛰어왔잖아.

I 아이 그래. 생각해보니 그때 난 내가 발견한 내용이 너무 흥미로워서 프로도샘이 학생들을 모집하는 미션을 냈고 그 미션에 통과한 아이들이 몇 반 친구들인지 그리고 그 아이들의 이름 첫 자를 따면 MAtHemaTIcS가 된다는 사실까지 아주 상세히 말씀드렸거든.

T 티몬 그럼 노마일샘은 우리가 프로도샘 수업을 듣기로 한 걸 아신 상태에서 마크와 테리를 불러 제안을 하신 거네?

H 하울 좀 그렇다! 뭐 여러 선택지 중에 고르는 건 학생들 마음이지만 그래도 수업하기 며칠 전에 학생들을 빼가다니. 수

업 오리엔테이션을 마치고 수업의 방향이 결정된 상황에서 아이들을 옮기게 한 건 어찌 보면 수업 방해 아닌가?

A 아크만 그러게. 우리 학교를 대표하는 양대 수학선생님의 한 분으로 품위 있는 행동은 아닌 것 같다.

T 티몬 우리가 모르는 다른 이유가 있으시겠지. 확실하지 않은 이야기로 우리 선생님들을 욕되게 하지는 말자.

S 써메이션 티몬, 너의 신사적인 매너는 멋지지만 아닌 것을 볼 줄 아는 것도 너 같은 리더들이 갖추어야 할 덕목이 아닐까 하는 생각이 든다.

I 아이 야야! 잠깐 저기 노마일샘이셔. 목소리를 낮춰.

A 아크만 와우! 호랑이도 제 말하면 온다더니……. 옛말은 틀린 게 없어.

~ 노마일샘 아니 방학 중에 학교에 웬일들인가?

T 티몬 아! 안녕하세요. 학교에서 방학 중에 진행할 수업에 대해 함께 할 이야기가 있어서요.

~ 노마일샘 방학이 막 시작됐는데도 이렇게 학구열이 넘치는 제자들을 보니 그냥 넘어가지 못하겠군.

노마일샘이 주머니에서 예쁘게 포장된 과자를 꺼냈다.

~ 노마일샘 이건 내가 지난번 7월 22일 파이데이 날 만들어서 팔았던 파이쿠키라네. 학교 매점도 열지 않았던데 간식으로 먹게나.

노마일샘은 애써 얼굴을 피하는 써메이션을 불렀다.

~ 노마일샘 써메이션! 반갑게 인사라도 하지.

써메이션의 얼굴이 무섭게 굳더니 앞으로 그냥 걸어갔다.

T 티몬 야! 써메이션! 선생님이 부르시잖아.

무시하고 써메이션은 계속해서 걸어갔다.

H 하울 죄송합니다. 써메이션이 아까 친구들이랑 좋지 않은 일이 있었는데 아직 기분이 그런가봐요.

~ 노마일샘 걱정 말게. 질풍노도의 시기 아니겠나! 잘되었네. 쿠키가 5개뿐인데 자네들이 나누어 먹게나.

티몬, 아크만, I, 하울, 매트는 노마일 선생님과 헤어지고 써메이션에게 갔다.

A 아크만 야! 넌 도대체 노마일샘이랑 무슨 일이 있었던 거니?

S 써메이션 말하고 싶지 않아.

H 하울 야! 차차 알게 되겠지. 암튼 샘이 주신 파이쿠키인데 너 먹을래?

S 써메이션 난 안 먹어!

H 하울 다행이다. 네가 먹으면 내가 먹을 게 없었거든.

S 써메이션 ……

하울의 유머는 써메이션의 굳은 얼굴을 풀어주었다. 아크만, 하울, 티몬, 매트, I는 노마일샘이 준 파이쿠키를 먹었다.

H 하울 노마일샘이 어떤 분인지는 잘 모르겠다만 쿠키 맛은 끝내주네!

쿠키를 먹은 입가의 부스러기를 털고 아이들은 프로도샘의 연구실을 두드렸다.

T 티몬 안녕하세요, 선생님. 역시 패턴은 그대로군요.

티몬과 아이들이 우르르 프로도샘의 연구실로 들어섰다.

∞ 프로도샘 아니 자네들이 어떻게 써메이션과 같이 들어오는가?

S 써메이션 좋은 친구들을 만났습니다.

T 티몬 써메이션과 샘은 원래 아는 사이셨나요?

S 써메이션 아직 저에 대해 아이들에게 말할 기회는 없었습니다.

∞ 프로도샘 방학 동안 같이 수업하며 차차 알아가면 되지 뭐.

S 써메이션 한 가지 확실하게 말할 수 있는 건 난 프로도샘을 통해 처음으로 수학의 아름다움을 경험했고, 프로도샘을 통해 다시 숫자들과 대화를 나눌 수 있게 되었다는 거지.

∞ 프로도샘 그런데 다들 학교에는 어쩐 일인가?

A 아크만 아! 저희가 도서관 앞에서 만났는데요. 각자 어떤 주제로 수업을 준비하고 있는지 미리 이야기 나누면 나중에 더

좋은 수업이 될 것 같아서요.

M 매트 도서관에서는 크게 말할 수 없어서 여기로 왔어요.

I 아이 그리고…….

∞ 프로도샘 I는 무슨 할 말이 있나?

T 티몬 선생님 사실 좀 전에 마크, 테리, 에이리, 이단, 크로네커를 만났는데 그 아이들은 아무래도 저희와 함께 수업을 못 들을 것 같아요.

∞ 프로도샘 아! 그런가?

I 아이 그게 노마일 선생님의 수업을 듣기로 했대요.

∞ 프로도샘 모든 학생이 참여할 수 있으리라고는 생각하지 않았지만 그래도 절반 정도의 학생이 못 듣는다고 하니 아쉽기는 하군. 나에게 와서 먼저 이야기라도 해주었으면 좋았으련만…….

H 하울 다르게 생각하면 저희 각자에게 시간이 좀 더 주어진 것 같아서 좋습니다.

A 아크만 그런데 노마일 선생님은 그 아이들이 선생님의 수업을 듣게 된 걸 아셨는데도 아이들을 데려가셨다고 해요.

눈치 없이 안 해도 될 이야기를 했다는 듯이 티몬이 아크만의 옆

구리를 찔렀다.

∞ 프로도샘 그건 무슨 소리지?

I 아이 아아! 그건…….

I는 프로도샘 수업의 오리엔테이션에 있었던 일을 다시 한 번 프로도샘께 말씀드렸다.

프로도 선생님은 진지하게 듣고 말했다.

∞ 프로도샘 그렇군. 괘념치 말게나. 누구에게나 선택의 기회는 있지 않나?

어색한 분위기가 흐를 즈음 티몬이 화제를 바꿨다.

T 티몬 그런데 연구실 잠금 패턴은 그대로네요.

∞ 프로도샘 약속한 대로 수업시작 날 바꿀 걸세.

S 써메이션 선생님…….

써메이션의 목소리와 표정이 진지했다.

S 써메이션 　　선생님 수업은 항상 최고였습니다. 그리고 이번에 저희에게 각자 생각해보고 싶은 주제를 선택해 수업을 진행해 보게 해주신 점도 정말 감사드립니다. 좋은 수업이 될 수 있도록 준비하겠습니다.

말을 하는 써메이션의 눈빛에서 어릴 적 순수한 열정을 다시 볼 수 있었다.

∞ 프로도샘 　　그렇게 생각해준다니 고맙네. 나도 기대하겠네.

냉정하고 어둡게 보였던 써메이션이 프로도샘 앞에서는 반짝이는 순수한 눈빛의 수학도로 바뀌는 모습을 보며 아이들은 제법 놀라는 눈치였다. 그들은 빈 교실로 향했다.

아이들은 늦게까지 자신들이 발표할 주제를 공유하고 서로에게 어떤 것을 준비하면 더 좋을지 조언해주었다. 함께하면 할수록 써메이션은 짝퉁 천재가 아니었음을 티몬, 아크만, 하울, 매트, I는 알 수 있었다. 써메이션 역시 그 아이들과 함께 할수록 그동안 잠자고 있던 자신의 수학세포가 하나씩 살아나는 것을 느꼈다.

I는 수학을 좋아하지만 스스로에게 자신감이 없었던 자신이 이

런 수학천재들과 함께 같은 공간에서 이야기를 주고받을 수 있는 것만으로도 마음이 벅찼다. 프로도샘의 열정은 아이들에게 전해지고 아이들은 서로를 통해 열정을 더욱 키워나가며 서로 부족한 점을 감싸주었다. 이들이 이날 수학에 보인 열정에 거대한 아우라가 느껴졌다. 이들이 함께 모이면 그 힘은 쉽게 깨질 것 같지 않았다. M, A, T, H, I, S는 프로도샘이 뿌려준 수학에 대한 열정을 가슴에 담았다는 공통점으로 연결된 운명체처럼 보였다.

D-2 수학의 두 세계

똑똑.

495호 연구실의 프로도샘이 496호 노마일 선생님의 연구실 문을 두드렸다.

~ 노마일샘 아! 프로도샘. 어쩐 일이세요.

노마일 선생님은 아주 정중하게 프로도샘을 맞이했다.

∞ 프로도샘 바로 옆 연구실에 있으면서 학기 중에 차 한 잔도

함께 마시지 못했습니다. 3월에 새로 부임해오실 때 인사를 제대로 드리지 못했는데 이렇게 한 학기가 다 가고 방학이 돼서야 시간이 되었습니다.

~ 노마일샘　제가 먼저 초대를 했어야 하는데 말이죠. 커피 드릴까요? 레몬차도 있습니다. 목에 좋은 계피차도 있고요.

∞ 프로도샘　계피차가 좋겠습니다.

노마일샘이 차를 준비하고 있는 동안 프로도샘은 벽의 그림을 봤다.

∞ 프로도샘　파치올리군요.

~ 노마일샘　역시 대단하십니다. 제 연구실을 다녀간 사람 중에 저 그림의 주인공을 아는 사람은 없었지요.

차가 준비되었고 학교를 대표하는 두 수학선생님이 마주 앉았다.

∞ 프로도샘　방학 중에 수업을 하신다고 들었습니다. 언제부터 하시는지요.

~ 노마일샘　내일모레부터 합니다.

∞ 프로도샘 저도 그때부터 합니다.

~ 노마일샘 프로도샘도 방학 수업을 하시는가요?

프로도샘은 전혀 몰랐다는 표정으로 질문하는 노마일 선생님을 보고 잠깐 의아했다.

∞ 프로도샘 네. 저도 수업을 합니다.

~ 노마일샘 아! 그렇군요. 학생은 몇 명입니까?

∞ 프로도샘 그럼 제가 수업을 하는지 모르셨군요.

~ 노마일샘 네. 그렇지요.

아이들에게 전해 들은 말과 전혀 다른 이야기를 하는 노마일샘을 보고 프로도샘은 당황한 기색이 역력했다. 자신의 수업을 듣기로 했다가 노마일샘의 수업으로 바꾼 학생들을 지도할 때 도움이 될 만한 말을 전하려고 왔던 프로도샘은 더 이상 말을 잇지 못했다.

차를 마시는 동안 어색한 침묵만이 흘렀다.

노마일샘을 보니 프로도샘은 자꾸 써메이션의 분노에 찬 모습이 생생하게 떠올랐다. 써메이션을 대신해서 짚고 넘어가야 할 무거운 이야기를 어렵게 꺼냈다. 평소의 프로도샘답지 않게 상기된 얼굴이었다.

∞ 프로도샘 　　써메이션을 만나셨는지요?

써메이션의 이야기가 나오니 찻잔을 응시하던 그의 온화한 눈빛이 갑자기 차갑게 바뀌었다.

~ 노마일샘 　　똑똑하지만 인성이 부족한 아이지요.

∞ 프로도샘 　　그 부분은 사실이 아니지 않습니까?

~ 노마일샘 　　뭐가 말입니까?

∞ 프로도샘 　　그 아이가 약물의 힘으로 올림피아드에서 메달을 땄다는 사실이요.

~ 노마일샘 　　하하, 프로도샘. 무슨 말씀을 하시는 겁니까? 세상이 다 아는 일을.

∞ 프로도샘 　　세상에 밝혀진 것이 모두 진실은 아니지요.

따뜻한 차를 가운데 두었지만 써메이션의 이야기가 나오자 둘 사이엔 알 수 없는 냉랭한 기운이 감돌았다. 그림 속 다빈치의 스승 파치올리도 이 광경을 한껏 긴장하며 보는 것 같았다.

~ 노마일샘 그럼 제가 거짓이라도 꾸몄단 말씀이십니까?

∞ 프로도샘 네. 그렇습니다. 그것도 순수한 열정을 지닌 재능 있는 아이들을 골라다가 세상의 끝으로 잔인하게 곤두박질시켰습니다.

프로도샘은 계속해서 정중하지만 강한 어조로 말을 이어갔다.

∞ 프로도샘 써메이션이 먹었다는 그 오일러 약은 존재하지도 않은 약이잖습니까? 왜 그러셨습니까?

노마일샘이 반박했다.

~ 노마일샘 제가 선생님이 발굴한 제자를 뺏어갔다고 생각하셔서 그렇게 화가 많이 나신 것 같은데 그 아이 스스로가 잘못한 일입니다. 저와는 상관없습니다.

∞ 프로도샘 왜 진실을 말씀하지 않으십니까? 써메이션은 정말로 선생님을 따르고 존경했습니다. 그런 선생님의 이유도 알 수 없는 모함으로 하루아침에 세상과 단절되었습니다. 그 어린 나이에 온갖 비난을 받고 회복될 수 없는 상태였습니다. 다시

이쪽 학교로 돌아왔지만 그 아이가 지금 모습으로 회복하는 데 얼마나 많은 시간이 걸렸는지 아십니까? 그리고 새로 온 학교에서 선생님을 나시 보았을 때 그 아이가 느꼈을 기분을 한번쯤은 헤아려주셨는지요?

~ 노마일샘　이렇게까지 제자를 챙기는 프로도샘이 계시는데 제가 왜 그것까지 헤아려야 합니까? 참으로 위대한 스승에게 박수를 보낼 뿐입니다.

∞ 프로도샘　도대체 왜 그러신 겁니까? 최소한 써메이션에게 미안하다는 말 한마디는 하셔야 되는 것 아닙니까?

~ 노마일샘　그럴 수는 없습니다. 저도 제 할 일을 한 것뿐이니까요.

노마일샘의 눈빛에는 더 이상의 온화함이 없었다.

∞ 프로도샘　학생의 순수한 수학에 대한 열정을 망치는 것이 선생의 할 일이란 말씀이십니까?

~ 노마일샘　그렇습니다. 그게 저의 할 일이지요.

∞ 프로도샘　무슨 그런 말씀이 있습니까?

'그렇다면 당신이 매슈머족이라도 된단 말입니까?'라고 외치고 싶었지만 그럴 수는 없었다. 프로도샘이 먼저 그 말을 하는 것은 자신의 정체를 드러내는 일이 되기 때문이었다.

그때 노마일샘이 정색을 하고 말을 꺼냈다.

~ 노마일샘 프로도샘, 당신이 버뮤다 삼각지대의 비밀스런 통로를 나오던 날 당신 혼자만 나왔다고 생각하십니까?

프로도샘은 드디어 나올 것이 나왔다고 생각했다.

∞ 프로도샘 설마했건만. 그렇다면 당신은?

노마일샘과 프로도샘의 시선이 정면으로 강하게 부딪쳤다.

냉소적인 미소를 머금은 노마일샘은 한 치의 흐트러짐이나 흥분 없이 칼칼한 목소리로 말을 이어갔다.

~ 노마일샘 절 먼저 알아차리지 못하다니 실망스럽군요. 하긴 당신 종족들은 원래 다른 종족을 너무 믿는 구석이 있었지요. 맞습니다. 전 매슈머족이 보낸 사람이죠.

노마일샘은 차를 한 모금 마시더니 말을 이어갔다.

~ 노마일샘 매스티치족에서 당신을 내보내던 날 매슈머족에서는 저를 내보냈지요. 평범한 모습으로 당신을 방해해야만 하는 운명이었는데 제가 무슨 힘이 있겠습니까? 저도 시키는 대로 해야 하는 숙명입니다. 저를 너무 미워하지 마십시오. 전 프로도샘과 잘 지내고 싶습니다.

∞ 프로도샘 그런데 당신 종족은 수학을 싫어하는 것 아닙니까? 어떻게 당신은 수학교사로 나타난 겁니까?

~ 노마일샘 우리 매슈머족은 버뮤다의 신비한 통로를 통과하면서 전략을 바꾸었지요. 최종목적은 수학을 필요 없게 느끼는 세상으로 만드는 것이었지만 지구 사람들에게 수학이 더 필요하다고 말하는 사람으로 정착하는 방법을 택했습니다.

프로도샘은 허를 찔린 얼굴이었다. 프로도샘의 그런 모습을 보는 게 재미있다는 듯 노마일샘은 살짝살짝 미소를 지어가며 말을 이어갔다.

~ 노마일샘 원래 속물근성의 사람들은 권위 있는 자의 말을

확인도 없이 더 잘 받아들이는 것 아닙니까! 수학에 권위 있는 내가 수학을 잘하는 아이들의 열정을 꺾으리라고는 아무도 상상하지 않지요. 써메이션의 열정이 너무 강해 다소 무리한 방법을 사용한 것은 안타깝게 생각합니다. 하지만 써메이션이 다른 아이들보다 더 큰 상처를 받은 것을 굳이 누구 탓으로 돌리자면 써메이션의 열정을 키운 프로도샘 탓 아니겠습니까? 선생님께서 학생들에게 열정을 심으면 심을수록 그 아이들에게서 그 열정을 꺾어야 하는 것은 제 몫이었으니 말입니다.

써메이션이 겪은 아픔이 자신의 탓인 것만 같아 프로도샘은 마음이 흔들렸다.

~ 노마일샘 세대는 바뀌기 마련이니까요. 저는 저의 수학적 권위를 이용하여 진정한 수학이 사라지게 하는 데 많은 노력을 했고 선생님도 알다시피 결과도 좋습니다. 무엇보다 극성부모를 만들었다는 것이 가장 효과적이었습니다. 아이들이 어려서부터 수학 공부에 혹사되더니 오히려 수학을 싫어하고 생각을 하지 않게 되었지요. 프로도샘이 인피니트족과 매스티치족의 철학을 심기 위해 노력한 과정은 높이 평가하지만 단지 순수함

과 열정만으로 우리 종족의 체계적인 방법을 이길 수 있을 것 같지 않습니다.

∞ **프로도샘** 그래도 매슈버족의 조상들은 자신의 목적을 위해 어린아이들을 희생시킬 정도로 잔인하지는 않았습니다.

~ **노마일샘** 따지고 보면 전 희생시킨 적이 없습니다. 그저 사람들이 원하는 것을 먼저 챙겨주었을 뿐이지요. 선택은 늘 사람들 몫이었지요. 써메이션에겐 순수한 수학을 공부하는 열정도 있었지만 유명해지고 싶었던 엄마의 욕심도 있었던 것 아니겠습니까. 전 제안을 했을 뿐이고 선택은 언제나 사람들의 몫이었지요. 전 한 번도 강요한 적 없습니다.

∞ **프로도샘** 그래도 써메이션은 당신의 제자이기도 하지 않습니까? 그 아이가 무너지고 세상과 단절되는 것이 정말 아무렇지도 않았습니까?

~ **노마일샘** 글쎄요. 오히려 실망한 건 접니다. 그 아이가 나의 제안을 받아들이지 않았으면 저도 순수하게 수학을 탐구하는 써메이션의 열정을 방해하는 일을 하지 않으려 했습니다. 하지만 가장 인피니트족에 가까운 기운을 가진 아이마저 유명해지기 위해 스승과의 이별을 선택하는 것을 보고 이 지구의 사람들은 수학을 그 자체로 즐기고 탐구하기보다는 무엇인가를 위

한 수단으로 여기는 것이 더 지배적이라는 사실을 알았을 뿐입니다. 그것은 매슈머족의 철학에 더 가까운 것 아니겠습니까?

∞ **프로도샘** 써메이션을 그렇게 생각하지 마시오. 그 아이는 올림피아드를 유명해지기 위해 선택한 것이 아닙니다. 당신과 함께 좀 더 깊은 공부를 하는 것을 선택한 아이입니다. 그 아이에게 잘못이 있다면 당신을 믿은 것뿐입니다.

~ **노마일샘** 프로도샘은 왜 세상을 피곤하게 만들려고 하는 겁니까? 애초부터 쓸데없는 일을 벌인 건 당신들 종족이 아닙니까? 모든 아이들이 수학을 좋아하게 만들도록 하겠다는 말도 안 되는 억지를 부리다니요. 우린 오히려 게으르고 생각하기 싫어하는 본성을 타고난 인간을 자연의 모습으로 되돌려놓고 있는 것뿐입니다. 피곤하게 공부하지 않아도 살 수 있는 세상이 있는데 왜 굳이 그 어려운 수학을 공부하게 만들려고 하는 겁니까? 순수와 열정이라는 그럴듯한 말로 포장해서 말입니다.

두 사람의 목소리는 더욱 격렬해졌다.

∞ **프로도샘** 노마일샘은 인간이 수학과 같은 지적인 즐거움 없이 살 수 있으리라고 봅니까? 사람의 이성은 지식을 활용하는

데만 그치지 않습니다. 자신 안에서 솟아나는 순수한 흥미를 통해 지식인을 넘어 지성인에 이르고 싶어 하는 것이 인간의 근본입니다.

~ **노마일샘** 지적인 즐거움이라……. 프로도샘은 언제까지 그렇게 낭만적인 생각에만 가득 차 있을 겁니까? 선생님은 지금 주변이 안 보입니까? 11명의 아이들 중에서도 벌써 저의 제안을 받아들인 아이들이 있지 않습니까? 그들에게 내가 무엇을 강요한 줄 압니까? 난 그저 그들의 마음을 읽고 제안했을 뿐입니다. 수학 자체가 즐거워서 공부하는 줄 알았던 아이들조차 추천서와 상대방을 이기게 해줄 수 있다는 말에 아무런 조건 없이 저에게 오는 것이 현실 아니겠습니까? 아이들은 수학 자체를 즐기는 것이 아니라 자신들의 권위를 얻기 위해 수학을 이용하는 것입니다. 그것은 우리 종족의 철학이 아니겠습니까?

∞ **프로도샘** 우리 종족은 당신 종족의 철학을 비하하거나 무시한 적이 없습니다. 하지만 당신 종족은 우리 종족의 철학을 근본적으로 없애려고 했지요. 그래서 문제가 발생한 것 아닙니까? 당신들의 철학이 좋다면 그대로 살아가십시오. 우리는 말리지 않습니다. 하지만 순수하게 공부하는 이들의 열정을 꺾어 없앨 필요는 없는 것 아닙니까?

~ 노마일샘 우린 프로도샘 당신이 속한 매스티치 종족은 물론 인피니트족의 겸손하지 않은 고고함이 기분 나쁩니다.

∞ 프로도샘 모든 인피니트족이 그렇지 않다는 것을 노마일 당신도 잘 알고 있지 않습니까?

~ 노마일샘 그렇지요. 하지만 수단을 위해 수학을 사용하는 것을 마치 속물처럼 보는 그 인피니트족들! 우리의 자존심을 짓밟았던 교만한 인피니트족들! 이들을 다시 발붙일 수 없게 하기 위해서 그 종족의 힘을 모두 없애고자 한 것이 우리의 목표였을 뿐입니다. 그리고 인피니트족의 수학을 쉽게 이해할 수 있도록 전파하는 당신 종족도 함께 말입니다.

∞ 프로도샘 그 목표를 달성할 수 있으리라 봅니까?

~ 노마일샘 인피니트족과 매스티치 종족은 우수하기는 하지만 순진한 것인지 바보 같은 것인지 잘 모르겠습니다. 사람에게 열정을 심는 것이 쉬운 일이라 생각합니까? 보이지 않는 가치를 기다리는 큰 그릇을 가진 사람이 몇이나 된다고 생각합니까?

∞ 프로도샘 사람에게 열정을 심는 것은 쉽지 않지만 한번 심어진 열정 또한 꺼뜨리는 것이 쉽지 않습니다. 당신이 그토록 꺾으려 했던 써메이션 역시 그 순수함의 힘으로 회복되고 있지

요. 누구보다 노마일 선생님이 잘 아시잖습니까? 그 힘의 파급력이 어떤 것보다 강한 걸 알기에 두려움이 앞서 아이들의 열정이 크기도 전에 잘라내려고 하는 것 아니겠습니까?

~ 노마일샘 사람의 열정을 틔우는 것은 너무 오랜 시간이 걸릴 뿐입니다. 하지만 그렇게 늦게 진행되어서 당신만 쳐다보고 있는 MATHeARTH의 당신 종족이 예전으로 돌아갈 수 있겠습니까? 당신이 순수한 열정을 가진 제자를 만드는 시간보다 훨씬 더 빠르게 우리 종족의 철학이 퍼지고 있습니다.

둘러보십시오. 1등급을 받지만 정작 수학을 좋아하지 않는 아이들, 고등학교만 졸업하면 수학을 하지 않겠다는 아이들, 수학 그 자체보다 수학시험 점수 1, 2점에 예민해서 친구를 시기하는 아이들, 수학을 대학 진학 수단 그 이상 그 이하로 생각하지 않는 친구들, 수학이 주요과목이라고 다른 시간에 수학 공부만 하는 친구들, 혼자만 알겠다고 친구들에게 가르쳐주는 것에 인색한 아이들. 우리 바로 옆에 있는 이 아이들이 결국 수학의 순수함을 즐기기 위해 수학 공부를 하는 것으로 보입니까?

이미 많은 학생들은 우리의 철학을 따르고 있습니다. 그리고 미안하지만 돌이킬 수 없습니다. 우리의 전략이 더 옳았음을 인정하는 것이 훨씬 마음 편하진 않겠습니까? 프로도샘.

노마일샘은 프로도샘이 한심하다는 듯한 눈빛으로 계속 말을 이어갔다.

~ 노마일샘　전 그저 평생 애쓴 프로도샘의 노력이 이루어지지 못하고 사라지게 될까 안타까울 뿐입니다.

∞ 프로도샘　숙성된 열정의 힘을 저는 믿습니다. 그리고 난 신뢰를 바탕으로 한 기다림의 힘을 그동안 많이 봐왔습니다. 사람은 쉽게 바뀌지 않는다는 것은 맞지만 자신을 믿고 지지해준 사람에 대한 믿음만큼은 쉽게 사그라지지 않습니다. 내가 학생들의 숙성과정을 믿고 지켜본 시간은 결코 헛된 것이 아니라는 확신이 있습니다.

~ 노마일샘　당신이 기다림 타령을 하고 있을 때 우리는 우리의 방법대로 우리 종족의 철학을 이곳에 심었습니다. 우리는 빠르게 수학성적을 올릴 수 있는 족집게 강의와 생각 없이 따라하는 대로 하면 어느 정도 성적이 나오는 유명한 강사들을 퍼뜨렸지요. 사람들은 더 이상 기다리지 않습니다. 수학의 근본적인 철학과 원리를 생각하는 수업은 이제 자리를 붙이지 못하고 있습니다.

입시에서 점수를 조금이라도 더 높게 받아야 하는 아이들에겐 이번 방학 당신의 수업 방향은 허세로 가득 찬 수업일 뿐입니다. 자식의 성장을 기다릴 줄 모르고 이리저리 학원을 옮기는 부모들이 당신 눈에는 들어오지 않는 겁니까? 못 보는 척하는 겁니까? 당신 종족의 계획은 이미 실패한 것임을 인정해야 할 것입니다.

프로도샘은 더는 말을 잇지 못하고 어딘가 아픈 듯 가슴을 움켜쥐었다. 격렬한 대화가 오가던 연구실엔 무거운 정적이 흘렀다.

프로도샘은 자신의 연구실로 돌아왔다. 소파에 털썩 앉았다. 지친 기색이 역력했다.

"당신 종족의 계획은 이미 실패한 것임을 인정해야 할 것입니다."

프로도샘은 연구실에 돌아와서도 노마일 선생님의 눈빛과 당당함, 그리고 마지막 말이 계속 되살아났다. 자신이 너무 한심해서 참을 수가 없었다.

"내가 너무 주변을 믿은 건가? 내 생각이 틀린 건가?"

평생 헌신적인 열정을 바친 탓일까? 최근 건강이 예전 같지 않은 프로도샘은 노마일샘과 이야기한 후 가슴의 통증이 심해졌다.

프로도샘은 인피니트족의 미션을 받아 매스티치족의 대표로 이

세상으로 나온 날부터 교사생활 동안 한 번의 방학도 쉬지 않았다. 아이들이 수학을 좋아하고 흥미를 갖고 더 잘할 수 있으리란 희망이 있으면 자신의 휴식은 생각지도 않고 불철주야 학생들을 위해 시간을 내주었다. 교실에 널부러진 수학좀비들을 똑바로 앉히고 수학 공부를 안 하면 안 될 것 같은 에너지를 학생들에게 뿜어내는 것으로 명성이 자자했다. 수학 낙제자여도 열정을 아끼지 않았다.

그것은 꼭 자신의 종족을 위한 미션을 달성하고자 하는 목적에서가 아니라 학생들을 위한 마음에서였다. 누구보다 그 진심은 직접 수업을 들은 학생들이 가장 잘 말해주었다. 프로도샘의 열정은 순수한 학생들의 심장을 울리고 그 심장에 또 열정의 씨를 뿌렸다. 프로도샘을 진정으로 존경하는 학생들도 매년 늘었고 그들은 인피니트족과 매스티치족의 철학을 이어갔다.

첫 해에 지도했던 학생 가운데 성장해서 수학교사가 된 학생들은 고작 2명이었다. 다음 해도 마찬가지였다. 하지만 그 다음 해부터는 4명, 6명, 10명, 26명, 42명, 68명, 110명, 178명, 288명 등으로 늘어가고 있었다. 물론 노마일샘이 말한 대로 속도가 빠르지 않았고 무엇보다 한참 뒤 그 결과가 나타날 때까지는 많은 기다림이 있어야 했다. 당장 눈에 보이는 것은 아니지만 그렇게 프로도샘의 수학에 대한 순수한 열정은 느리지만 퍼져나가고 있었다. 그들은 성장한 뒤 각자 자신의 영역에서 프로도샘에게 받은 인피니트족과 매스티치족의 철학을 퍼뜨리고 있었다. 정작 프로도샘은 자신이 심은 인피니트족과 매스티치족의 철학을 가신 사람이 몇 명인지 알지 못했다. 대상을 헤아리다보면 순수하지 않은 마음으로 학생들을 대할 수 있기에 굳이 몇 명인지 알려 하지도 않았다. 그저 자신이 그 자리에서 최선을 다하면 결과는 돌아오는 것이라 믿었기에 종족의 부활을 위해 필요한 6174라는 숫자는 그에게 더 이상 헤아림의 대상이 아니었다.

하지만 지금은 체계적이지 않고 순수하게 열정만 믿었던 자신이 매우 무능하게 느껴졌다. 매슈머족의 방해를 깨닫지 못한 자신의 무능으로 MATHeARTH를 혼돈에서 구할 부활의 숫자 6174를 채우지 못하게 될 수도 있다는 사실에 괴로웠다. 하지만 이제는 시간이 없다. MATHeARTH를 혼란 이전으로 돌릴 수 있을지 없을지 그저 결과를 기다릴 뿐이었다.

~ 노마일샘 멍청한 건지, 순진한 건지. 자신이 지금까지 뿌린 자신들 종족의 철학을 가진 이들이 몇 명이 되는지도 모를 테지. 어떻게 수학선생이라는 자가 자기 것 챙기는 데는 둔한지 말이야. 프로도! 자네는 지금까지 6170명의 씨앗을 뿌렸네. 참 노력 많이 했구려. 그 부분은 경의를 표하네. 자네 종족이 D-DAY로 잡은 내일 자네의 수업에 4명만 참여하더라도 자네는 버뮤다 삼각지대의 통로를 통해 자네 종족에게 부활의 기운을 전할 수 있는 거지. 지금 6명의 학생들이 자네 수업을 준비하고 있으니 자네는 그 목표를 거의 다 달성하는 직전에 와 있는 걸세. 그러나 어쩌나. 이렇게 행복한 결말을 눈앞에 두고 막

았을 때가 더 스릴 있는 법 아니겠나?

나중에 자네가 하루를 앞두고 그것도 거의 다된 상태에서 실패했다는 사실을 알게 되었을 때, 그 얼굴이 정말 궁금하군. 그때도 오늘처럼 고상한 모습으로 분노를 표현할 수 있을까? 자네 종족이 지하세계에 갇힌 것처럼 자네의 귀여운 제자들은 오늘 밤 모두 달콤한 꿈속에 갇히게 될 걸세. 걱정 말게. 영영 잠이 드는 것은 아니니.

노마일샘은 어제 티몬, I, 매트, 하울, 아크만에게 준 것과 같은 모양의 파이쿠키를 만지며 혼잣말을 했다.

프로도샘 수업 하루 전인 오늘도 아크만, 매트, 하울, 티몬, I, 써메이션은 도서관에서 각자 공부를 하면서 서로 어떤 주제의 수업을 준비할 것인지 토론하며 시간을 보낸 후 헤어졌다.

집으로 돌아온 매트는 저녁을 먹고 아크만과, I는 하울과 서로 전화 통화를 했지만 모두 써메이션에 대한 비슷한 이야기를 주고받아서 그런지 마치 네 명이 함께 통화를 하는 것만 같았다.

I 아이 써메이션은 지낼수록 천재인 게 막 느껴져.

H 하울 그러게 말이야. 나랑은 다른 종류의 인간인 것 같아.

A 아크만 써메이션은 이 세상의 모든 수와 대화를 나누는 것 같지 않니?

M 매트 지난번에 아이들이 미쳤다고 한 게 어떤 면에서는 이해가 간다니까.

I 아이 써메이션 숫자 놀이 해볼까? 네 자리수 아무거나 생각해봐.

H 하울 8931.

I 아이 큰 것부터 차례대로 하면 9831, 작은 수부터 차례대로 하면 1389. 두 개의 수를 빼면 8442.

H 하울 반복해서 8442에서 2448을 빼면 5994.

I 아이 이제 5994를 반복해서 9954에서 4599를 빼면 5355.

H 하울 5355를 반복하면 5553에서 3555를 빼야 하니까 1998. 엇! 써메이션 노래가 잘못된 거 아닌가?

I 아이 아직 8번이 안 되었잖아. 1998에 적용하면 9981에서 1899를 뺀 수가 8082.

H 하울 8082에 적용하면 8820에서 0288을 뺀 수가 8532……. 어라! 아직도 6174이 안 나오는데?

I 아이 야! 8532에 적용하면 8532에서 2358을 빼니 6174

가 나와.

H 하울 역시 6174는 부활의 수군!

A 아크만 6174는 무엇을 부활하는 수일까?

M 매트 글쎄, 써메이션은 숫자를 보면 그런 영감이 막 떠오르나봐.

H 하울 처음엔 재수 없었는데 함께 할수록 점점 좋은 아이란 걸 알겠어.

I 아이 솔직히 말하면 그 아이가 말하는 것 중에 이해가 안 가는 것도 많아.

A 아크만 너도 그랬어?

M 매트 그런데 아크만. 써메이션이 말한 파이미로라는 거 말이야. 지난번 네가 운동장에서 보여준 거 아니야?

A 아크만 맞는 것 같아. 써메이션이 말로만 설명을 해서 그림을 직접 볼 수 없었지만 써메이션이 묘사한 모습과 내가 본 그림이 아주 비슷해.

I 아이 난 파이미로라는 거 처음 들어봐.

H 하울 나도 처음 들어.

A 아크만 내가 최근에 도서관 4층에서 우연히 발견한 라틴어 신화책이 있었거든. 아직 라틴어가 서툴러서 모든 내용을 이

해하지는 못했지만, 내가 놀이 삼아 미로를 푸는 것을 좋아해서 도전했다가 접었어.

M 매트 그럼 써메이션도 네가 본 책을 본 건가?

A 아크만 그건 묻지 않아 모르겠지만 그냥 보고만 넘기지 않고 그 해법을 찾으려 했다니 너무 놀라워. 안 그래도 집에 오자마자 그 미로 그림을 찾고 있어. 써메이션이 말해준 대로 한 번 풀어보려고 말이지.

H 하울 파이의 무한히 계속되는 수의 배열에 우리 모두의 생일에 해당하는 숫자배열이 있다는 사실이 놀랍지 않아?

I 아이 응. 무한한 수 안에 우리 모두가 태어난 숫자가 있다는 게 너무 신기해.

A 아크만 파이미로를 탈출하는 것은 파이미로에서 태어나는 것이라니! 뭔가 철학적이지 않아? 써메이션의 영감은 놀라워.

H 하울 솔직히 말하면 난 그 미로가 어떻게 생겼는지 상상이 안 돼. 처음으로 수학을 잘하려면 상상력이 풍부해야 한다는 걸 깨달았어.

M 매트 암튼 신기한 아이야. 우리와 다른 차원에서 사는 아이 같기도 해.

A 아크만 그런 아이가 왜 약물복용 짝퉁 천재가 되었을까?

I 아이 시간이 지나면 스스로 말해줄 날이 오겠지.

A 아크만 그나저나 써메이션이 파이미로에서 자신의 생일과 같은 숫자배열을 만나면 빠져나온다고 알려줬는데 그런 결론이 나온 것을 어떻게 논리적으로 증명할지 궁금해.

I 아이 난 들어도 이해할 수 없을 듯.

M 매트 나도.

A 아크만 나도.

H 하울 이번 수업에 써메이션이 파이미로의 해법에 대해 발표한다고 하니 기다려봐야지. 설렌다.

M 매트 야! 그런데 졸리는 거 나만 그런 거니?

A 아크만 아니. 나도 갑자기 졸려온다.

H 하울 우리가 오늘 뇌를 너무 많이 썼나보다.

I 아이 그러게 나도 왜 이리 갑자기 졸리는지 모르겠네.

서로서로 전화를 나누던 매트와 아크만, I와 하울은 누가 먼저랄 것도 없이 수화기를 든 채 잠에 빠졌다.

순간 아득하게 잠에 빠져든 매트, 아크만, 하울 그리고 티몬이 눈이 부시도록 하얀 공간 여기저기에 흩어져 자고 있었다. 먼저 I가 일어났다.

I 아이 어! 이상하다! 분명히 난 내 방에서 하울과 전화를 하다가 잠이 든 거 같은데 여기는 어디지?

이리저리 둘러보다 자욱한 안개 사이로 쓰러져 자고 있는 친구들을 발견했다. 그리고 한 명씩 흔들어 깨웠다.

I 아이 하울, 하울, 일어나!

하울이 눈을 비비며 일어났다.

H 하울 네가 이 밤중에 우리 집에 웬일이야? 그리고 이 안개는 뭐야?

I 아이 나도 여기가 어딘지 잘 모르겠어.

하울은 눈을 비비며 이쪽저쪽 살펴봤다.

H 하울 어! 여기 우리 집이 아니네? 나 분명히 집에서 너랑 통화하다가 잠든 거 같은데.

I는 저편에 자고 있는 아크만, 매트를 순서대로 깨우고 마지막에 티몬을 흔들었다.

I 아이 티몬, 티몬, 일어나.

T 티몬 어! I, 너 우리 집에 웬일이야?

I 아이 여기는 너희 집이 아니야. 그리고 여기가 어딘지 나도 모르겠어.

잠시 후 정신이 든 아이들이 어리둥절해하며 영문도 모른 채 길을 헤매었다.

T 티몬 난 내 방 책상에 앉아 내일 수업을 준비하다가 잠깐 졸았던 것 같은데…….

A 아크만 나는 매트와 전화하다가 졸려서 잠이 들었었어.

M 매트 맞아, 맞아.

T 티몬 그런데 왜 우리가 여기에 같이 있는 거지?

H 하울 도대체 여기는 어디지?

I와 아이들은 서서히 두려운 생각이 들었다.

T 티몬 우리는 모두 각자의 자리에서 잠이 들었던 같은데 지금은 같이 있어.

H 하울 설마 우리 지금 같은 꿈 안에 있는 거야?

I 아이 뭐라고? 우리가 같은 꿈 안에 있는 거라고?

A 아크만 진짜 꿈인가봐. 내 몸이 붕붕 뜨는 느낌인걸?

H 하울 오! 그러게! 뛰어봐! 점프력이 장난 아닌데? 내 발에 스프링이 달린 느낌이야!

T 티몬 오! 덤블링도 돼!

I 아이 우와! 뛰는데 몸이 상당히 가볍네. 이렇게 하면 몇천 킬로미터도 거뜬히 뛰겠는걸?

티몬, 하울, I, 아크만은 겅중겅중 이리저리 다니며 새롭게 생긴 자신들의 신체능력을 다양하게 시도해보고 있었다.

H 하울 안개가 자욱한 곳에서 방방 뛸 수 있으니 꼭 구름 위를 날아다니는 것 같아. 그런데 여기는 어딜까? 달인가? 아니면 진짜 꿈속인가?

하울은 누구도 대답해줄 수 없는 질문을 계속했다.

A 아크만 잠깐!! 조용히 해봐. 무슨 소리가 들려.

T 티몬 그래. 소리가 난다!

M 매트 엄청나게 무거운 것이 거대한 소리를 내며 움직이는 것 같아.

T 티몬 점점 가까이 들려온다.

소리는 점점 가까이 크게 들렸다. 뿌연 안개 뒤로 거대한 빌딩숲의 스카이라인 같은 것이 보였다.

I 아이 아! 저것이 뭐지?

모두 안개 뒤의 정체 모를 그림자에 집중했다. 점점 그 거대한 그림자는 안개를 뚫고 나오기 시작했다. 엄청나게 거대한 돌덩이였다.

I 아이 저게 뭐야?

M 매트 바위를 쌓아둔 것 같은데?

묵직한 소리와 함께 점차 다가왔다.

H 하울 우리 쪽으로 점점 다가오는데?

A 아크만 이러다가 저 돌덩이에 깔리겠어. 어쩌지?

T 티몬 일단 저 돌덩이 위로 올라가야겠어!

A 아크만 저 높이를 올라갈 수 있겠어?

H 하울 지금 점프력으로는 가능할 것 같은데?

하울이 먼저 높은 돌덩이로 올라가려고 시도했다. 한 번의 점프로 올라갈 수는 없었지만 그래도 새롭게 얻게 된 점프력으로 생각보다 쉽게 올랐다. 하울을 따라 I, 티몬, 매트, 아크만도 거대한 돌 위로 올라갔다.

I 아이 우와! 저기 계속 이어지는 돌덩이를 봐! 바위산 같아!

H 하울 끝없이 펼쳐지는 돌덩이들이 꼭 그랜드캐니언 같아!

M 매트 우와!

T 티몬 그런데 그랜드캐니언과 달리 저 바위산을 이루는 돌의 크기가 너무도 일정해!

A 아크만 그러게! 높이는 들쑥날쑥 다른데 그 높이를 쌓은

돌의 크기 하나하나는 같아.

H 하울 거인의 집을 짓는 벽돌 같군!

T 티몬 우리가 지금 올라온 곳은 3개의 돌이 쌓여 있어.

H 하울 다음은 1개.

티몬, 하울, 매트, 아크만, I는 점프를 해서 다음 돌덩이로 넘어가기 시작했다.

I 아이 다음은 4개.

A 아크만 다음은 1개.

H 하울 다음은 5개.

M 매트 다음은 우와! 9개야.

H 하울 다음은 2개야. 착지할 때 무릎 조심해.

높이의 격차가 커지면 오르고 내리기가 쉽지 않았다.

T 티몬 평소 같으면 이런 돌덩이를 오르락내리락하는 것은 어림도 없겠어.

아이들은 미지의 공간에서 경중경중 돌을 건너가는 이런 새로운 경험이 신기하고 재미있기도 했지만 두려움도 쌓여갔다.

H 하울 도대체 여기는 어디고 이 바위산은 뭐지?

M 매트 이젠 힘들어.

그때 티몬이 외쳤다.

T 티몬 잠깐! 지금 우리가 센 돌의 수가 어떻게 되었지?

A 아크만 3141592지!

T 티몬 3141592? 그럼 다음은 6개인가?

H 하울 어! 그런데?

이미 점프해서 다음 칸으로 간 하울이 말했다.

I 아이 어떻게 알았어? 티몬?

T 티몬 그럼 다음은 5야?

H 하울 응! 맞아!

A 아크만 티몬! 혹시 너 나랑 같은 생각하는 거야?

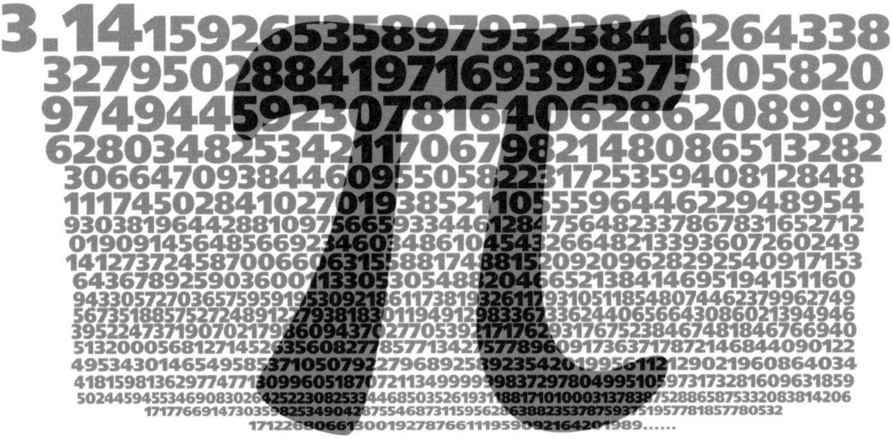
3.14159265358979323846264338
3279502884197169399375105820
974944592307816406286208998
628034825342117067982148086513282
30664709384460955058223172535940812848
1117450284102701938521105559644622948954

아크만과 티몬은 동시에 외쳤다.

+ 아크만, 티몬 뭐야! 이게 바로 파이미로야?

M 매트 맞아! 그러고 보니 우리가 처음 안개 속에서 본 스카이라인 같은 모습! 아크만이 나에게 보여준 파이미로의 옆모습과 같았어.

I 아이 뭐라고? 이게 써메이션이 말한 그 파이미로라고?

H 하울 파이미로가 정말 있단 말이야?

A 아크만 아무래도 우리 파이미로에 갇힌 것 같아.

H 하울 뭐라고?

파이미로는 거대한 돌덩이가 불규칙한 높이로 놓인 모습이었다. 돌의 높이가 의미하는 것은 파이값의 숫자라고 써메이션이 말했다. 파이값에 따라 3.141592… 돌덩이 하나의 높이를 기준으로 3개, 1개, 4개, 1개, 5개의 돌을 틈 없이 쌓은 모양이 계속해서 다가오는 것이다. 한 줄로 나열되지 않고 미로에 갇힌 사람이 있는 공간을 빈틈없이 채워나가기에 만약에 사각형 모양에 갇힌 경우에는 돌덩이가 한 줄, 한 줄 사각형 방을 계속해서 채우게 된다. 어떤 식으로든 무한한 돌의 배열을 계속해서 걸어야 한다. 걷지 않고 가만

히 있으면 세상으로 나가는 통로와 점점 멀어져 결국에 파이미로에 영영 갇히게 되는 것이다. 거꾸로는 걸어갈 수가 없다.

써메이션은 그 파이미로의 해법을 연구한 결과 파이의 무한히 불규칙한 수의 배열 중에는 어느 누구의 생일 날짜와도 같은 숫자의 배열이 존재하게 되는데 바로 자신의 생일 배열이 있는 곳에 도착하면 감쪽같이 파이미로를 탈출할 수 있게 된다고 이야기해주었다.

A 아크만 　 써메이션이 말할 때까지도 설마설마 했는데…….

H 하울 　 이게 이렇게 실제로 존재할 줄이야.

T 티몬 　 일단 계속해서 걸어보자.

몸이 가볍고 육상선수로 활동했던 I는 날렵하게 파이미로의 스카이라인을 건너뛰었다. 하지만 아무리 몸이 가벼워지고 평소보다 높은 점프력을 갖게 되었다 해도 매트, 아크만, 티몬, 하울에겐 불규칙하고 거대한 돌덩이를 오르락내리락하는 것은 쉬운 일이 아니었다. 시간이 지날수록 높은 돌덩이가 나타나면 쉽게 오르지 못했다.

M 매트 헉! 헉! 어! 힘들어.

H 하울 나도 너무 힘들어.

T 티몬 하지만 일단 계속해서 넘어가는 수밖에 없어. 그나마 차례차례 한 줄씩 올 때는 건너갈 수도 있지만 이 돌덩이들이 겹겹이 층을 쌓으면 우린 여기서 그냥 멈추는 거라고. 그랜

드캐니언에 갇히는 것과 같이.

H 하울 언제까지 이렇게 무작정 건너뛰어야만 하지?

M 매트 이러다 우리 이 꿈에 영영 갇히는 거 아냐?

A 아크만 파이미로에서 나갈 수 있는 방법은 생일이 나오는 숫자를 만났을 때 가능하다고 했잖아. 어쨌거나 이렇게 계속 건다보면 나오게 되지 않을까?

H 하울 언제까지…… 그러다가 생일이 아주 뒤에 있으면…… 너무 무모한 게 아닐까?

T 티몬 무모해도 일단 이 방법뿐이잖아.

아이들은 힘들게 돌덩이를 건너면서도 머리로 열심히 탈출할 방법을 생각했다.

T 티몬 가만 일단 우리 모두 탈출할 필요는 없잖아. 우리를 깨워줄 한 사람만 먼저 탈출하면 되는 거 아니야?

A 아크만 그렇지, 맞아! 잠을 깰 수 있는 방법은 스스로 깨는 법도 있지만 누군가가 깨워줄 수도 있으니까.

M 매트 일단 생일이 먼저 나오는 사람이 빠져나가도록 우리가 도와주자.

T 티몬 각자의 생일을 말해보자. 난 11월 20일이야, 112006.

M 매트 난 7월 8일. 70806이야.

A 아크만 난 6월 23일. 62306.

H 하울 난 양자리. 4월 13일, 41306.

I 아이 난 3월 5일이야. 30506.

M 매트 생일이 모두 다르니 우리가 동시에 탈출할 수 없는 건 확실해.

I 아이 그런데 생일은 알아도 누구의 생일이 파이의 배열에서 먼저 나올지 모르잖아.

H 하울 I야!

갑자기 하울이 대단한 것을 발견한 듯 크게 외친다.

T 티몬 너라고?

H 하울 아니. 우리 중 I! I의 생일이 가장 빨리 나와.

T 티몬 하울 어떻게 알아?

H 하울 나 파이 암기왕 대회 1등이잖아.

A 아크만 아! 맞다! 너 일본 사람이 기네스북 기록 보유자라는 데서 자극받아서 3000자리까지 외우려고 애썼다면서? 학교 신문기사로 봤어.

H 하울 내가 파이의 배열을 다 외우지는 못하지만 암기한 숫자배열 중에 I의 생일 30506이 있어. 내가 10자리씩 끊어서 5줄씩 나열된 파이를 외웠으니 I의 생일은 파이의 2093번째 있다고.

T 티몬 그럼 일단 아이의 생일 배열이 가장 먼저 등장한다는 거지? 몇 번을 더 가야 하는 거지?

A 아크만 우리가 지금 건넌 파이라인이 한 줄에 10개의 숫자벽돌씩 13줄을 건너왔어.

T 티몬 3.141592…에서 130개의 숫자를 건너온 거야. 그럼 앞으로 1963개의 숫자벽돌을 넘어야 한다는 거야?

H 하울 불가능해……. 난 벌써 지친다고.

A 아크만 맙소사! 이러다 우리 영영 꿈에 갇히는 게 아닐까?

T 티몬 그래도 지금은 시도할 수 있는 방법이 그거 하나 잖아.

A 아크만 I야, 가능하겠어?

I 아이 해볼게! 그래도 내가 왕년에 허들 육상 대표였는데……. 하루에도 엄청나게 많은 허들을 쉼 없이 연습했던 것을 내 몸이 기억할 거야. 내가 수학은 너희에게 어림도 없지만 이것만큼은 제일 잘할 수 있을 것 같아.

H 하울 I…… 괜찮겠어?

A 아크만 I…….

I 아이 너희들 지치지 말고 천천히 와. 난 최선을 다해 뛰어갈게. 잠자는 숲속의 공주도 아니고 꿈에 갇힐 수는 없잖아! 나 이렇게 뛰는 건 아무것도 아냐!

A 아크만 고마워, I! 우리도 곧 뒤따라갈게.

I는 티몬이 계산해준 숫자의 개수를 생각하고 자신이 느낀 숫자 벽돌의 높이를 가늠하여 자신의 생일 배열이 나오는 순간까지 오르락, 내리락 파이미로를 건넜다.

I는 돌덩이를 넘고 넘고 또 넘었다. 900개를 넘었다. 1100개를 넘었다. 1500개를 넘었다. 이제는 넘으면서도 몇 번째를 넘고 있는지, 돌의 높이를 보면 어떤 숫자를 나타내는지 감이 오는 것 같았다. 자신의 생일 배열의 첫 번째 숫자 3에 해당하는 돌이 나오면 긴장하기를 여러 번 1600개의 돌을 넘었다. 하지만 운동에 자신 있던 I도 시간이 지나자 서서히 지쳐갔다.

I 아이 　　　이 악몽 같은 긴 꿈에서 나갈 수 있을까? 제발 도와주세요.

I는 간절히 기도했다. 그리고 최선을 다해 파이미로의 돌덩이를 건넜다. 처음엔 쉽게 올랐던 숫자 9개가 쌓인 벽돌을 오르는 것이 점점 버거워졌다. 하지만 자신을 믿어준 친구들을 위해 열심히 달렸다.

자신이 전학 온 날부터 마음을 열어준 하울, 그리고 언제나 신사적으로 자신을 대해준 티몬, 자신이 모르는 것이 많을 때 무시하지 않고 꼼꼼히 가르쳐준 아크만, 그리고 언제나 든든하게 다른 아이들의 놀림을 막아준 매트, 이 소중한 친구들을 위해서 열심히 파이미로의 무한한 숫자벽돌을 계속해서 건널 수 있었다.

얼마나 달렸을까. 드디어 3에 해당하는 돌이 등장했다. 다음 돌은 없다. 느낌이 좋았다. 다음 돌은 5. 다음 돌은 없다. 다음 돌은 6임을 느꼈다. I가 '드디어 도착이다'를 외친 순간 I는 감쪽같이 자신이 자던 방 안으로 돌아왔다.

D-DAY 무한의 춤

I가 일어난 시각은 2021년 8월 9일 오전 11시였다. 얼마나 애를 썼는지 I의 온몸이 땀으로 젖어 있었다. I는 힘들고 지쳤지만 몸을 추스릴 시간이 없었다.

"아이들을 깨워야 해!"

방학이라고 너무 늦게 일어나는 것 아니냐는 엄마의 핀잔을 뒤로하고, I는 엄마의 핸드폰을 챙겨 부랴부랴 다른 아이들을 깨우러 집을 나섰다. 빠른 속도로 달리면서 써메이션에게 연락을 했다. 평소에 전화를 받지 않는 써메이션은 오늘도 전화를 받지 않았다. I는 하울의 집으로 달렸다.

'빨리 가야 해. 안 그러면 친구들이 계속 그 꿈에 갇히게 될지 몰

라.'

꿈에서 깰 때부터 지친 I였지만 지금은 고단함을 느낄 때가 아니었다.

I는 먼저 하울의 집을 찾아갔다. 하울의 어머니가 하울은 여전히 늦잠 중이라고 화를 내며 I를 맞이했다. I는 인사를 간단히 하고 하울의 방으로 뛰어 올라갔다. 하울의 어머니는 영문을 모르고 당황해서 요즘 아이들은 버릇이 없다고 푸념을 늘어놓았다. I는 하울의 방으로 들어가 하울을 사정없이 깨웠다.

"하울! 하울! 일어나!"

"하울! 하울! 일어나라고!"

흔들며 깨우기를 몇 차례 한 후 하울이 돌아왔다.

"하울!"

"I! 네가 해냈구나!"

둘은 짧지만 강렬한 우정의 포옹을 했다.

"이럴 때가 아니야. 이제 아크만과 티몬을 깨워야 해."

하울 역시 많이 지쳤지만 지체할 수가 없었다.

하울과 I는 뛰었다. 하울은 매트의 집으로, I는 아크만의 집으로 갔다. I는 가면서 다시 한 번 써메이션에게 전화를 했다. 역시 전화를 받지 않았다.

I는 아크만의 집에 도착했다. 하지만 아무리 벨을 눌러도 사람의 인기척이 없었다. 어쩔 수 없이 1층에 있는 창문을 깨고 집 안으로 들어갔다. 아크만은 쉽게 일어나지 못했다. I는 최선을 다해 아크만을 깨웠다.

"아크만! 아크만! 일어나야 해!"

"아크만! 아크만! 아크만!"

한참을 흔들어서야 아크만은 눈을 떴고 I는 벅찬 감정에 눈시울을 붉혔다.

그동안 하울은 매트의 집으로 갔다. 그때 I로부터 전화가 왔다.

"아크만은 일어났어. 매트는?"

"매트는 아직."

"그럼. 아크만과 내가 티몬을 깨우러 갈게. 넌 매트를 깨우고 그리로 와!"

"알았어, I."

I는 다시 한 번 써메이션에게 전화를 걸었다. 드디어 써메이션이 전화를 받았다

"써메이션!!!"

I는 써메이션을 격앙된 목소리로 불렀다.

"왜 이래? I!"

"갇혀 있어!"

"뭐가!"

"티몬이 파이미로에 아직 갇혀 있다고!"

"무슨 소리야?"

"자세한 이야기를 당장 할 수는 없고 너는 지금 어디야?"

"나? 학교지? 오늘 프로도샘 수업 시작일이잖아!"

I는 써메이션이 혹시 티몬의 집 가까이 있으면 먼저 달려가서 깨워달라고 부탁을 하려던 참이었다. 그러나 학교는 지금 I가 있는 곳보다 티몬의 집에서 더 멀었다.

"학교구나! 지금 몇 시지?"

"11시 30분이지! 프로도샘 수업까지 1시간 30분 정도 남았고!"

"그래 그럼. 써메이션!"

"프로도샘께 우리 넷이 좀 늦는다고 전해줄래? 지금 우린 티몬을 깨우러 가야 해!"

"파이미로에 갇힌 건 뭐고 티몬은 아직도 자는 거야?"

천재 써메이션조차도 무슨 상황인지 파악이 되지 않았다.

"나중에 얘기할게! 선생님께는 우리가 수업에 꼭 간다고 말씀 전해줘!"

I는 달리면서 숨 가쁘게 써메이션과 통화를 끝냈다.

'티몬, 기다려! 우리가 곧 갈게.'

아크만 역시 I의 달리기 속도를 쫓아가느라 힘들었지만 전력을 다해 티몬의 집에 도착했다.

하울과 매트 역시 달려왔다.

"티몬!" "티몬!"

티몬은 지금 파이미로에 혼자 있었다.

"티몬, 일어나! 티몬!"

어찌된 일인지 티몬은 쉽게 깨어나지 않았다. 티몬은 꿈속에서 열심히 파이미로를 걷고 있는 듯 온몸이 땀으로 흥건했다.

"티몬! 티몬! 티몬! 티몬! 일어나!"

아이들 네 명이 힘을 합하여 티몬을 불렀다.

아주 오래 걸려 티몬이 서서히 눈을 떴다.

"티몬!"

I, 하울, 아크만, 매트는 누워 있는 티몬을 감싸고 다 같이 꼭 껴안았다.

티몬이 침대에서 일어나 몸을 추스르며 말했다.

"I, 고마워. 네가 우리 모두를 미로에서 구했어."

I, 하울, 아크만, 매트, 티몬은 악몽 같은 꿈에서 깨고 파이미로에

서 다시 태어났다.

"이 도대체 무슨 일일까? 우리가 동시에 꿈에 들어가다니."

"책에서 본 파이미로가 실제로 있었다니."

아이들은 자신들이 경험한 이 상황을 말로 설명할 수가 없었다.

"얘들아! 일단 지금은 학교로 가야 될 것 같아! 곧 프로도샘 수업 시작이야."

I가 아이들에게 말했다.

"아! 그렇구나! 자고 일어났으니!"

"벌써 12시가 넘었어. 13시까지 가려면 또 뛰어야겠다."

수업에 필요한 자료를 복사하러 일찍 학교로 온 써메이션은 I와 통화를 마치고 줄곧 걱정을 하고 있었다. 그렇게 격앙된 I의 목소리는 처음 들었다.

"도대체 무슨 일이지?"

티몬에게 전화를 했지만 받지 않았다. 매트 역시 마찬가지였다.

아크만에게도 전화를 했지만 받지 않았다.

"무슨 큰일이 있는 건가?" 써메이션은 애가 탔다.

"파이미로에 갇혔다니. 파이미로는 그저 신화에 존재한 미로였다고."

어릴 적 도서관에서 본 책 속의 파이미로는 늘 써메이션의 장난

감이었다. 파이미로의 해법을 연구했지만 파이미로가 실제로 존재한다고 생각한 적은 한 번도 없었다.

파이미로에 갇혔다는 꿈같은 소리만 남긴 I의 통화가 계속해서 신경이 쓰였다. 써메이션은 연락이 되지 않는 아이들을 일단 기다리기로 했다.

필요한 복사물을 들고 강의실로 들어섰다. 강의실의 시계가 2021년 8월 9일 12시 40분을 가리키고 있었다. 다시 10분이 흘렀다. 10분 전인데도 오지 않는 아이들이 점점 더 걱정이 됐다. 한편으로는 "설마 이 아이들도 수업에 들어오지 않는 건가?"란 생각도 들었다.

5분 전이 되자 프로도샘이 오셨다. 써메이션을 보고 반갑게 인사를 건넸지만 이윽고 프로도샘도 평소와는 다른 이상한 느낌을 받았다. 하지만 프로도샘은 이 수업에 들어오는 최종 결정은 학생 스스로 내리는 것이라고 강조해서 말하곤 했다. 겉으로는 어떤 표현도 하지 않았지만 실망하는 눈빛마저 감출 수는 없었다. 써메이션은 그런 프로도샘이 안타까웠다.

"선생님. 아이들이 좀 늦지만 꼭 온다고 연락이 왔어요."

2021년 8월 9일 13시, 오늘은 프로도샘에게 자신이 평생 바쳐온 일의 결과를 받는 날이었지만 그 모습은 여느 때와 똑같았다. 그는 학생들을 계산적으로 대하지 않았기에 자신이 평생 뿌린 인피니트족과 매스티치족의 철학을 가진 학생이 몇 명이 되었는지도 몰랐다. 만약 그동안 프로도샘이 달성한 인원이 6173명이라면 써메이션 1명이 와도 부활의 숫자 6174를 모두 채웠기에 오늘 MATHeARTH의 문이 열린다. 하지만 그렇지 않은 경우 MATHeARTH의 문은 열리지 않는다.

1분 전이었다.

30초 전이었다.

그때 아이들이 들어오기 시작했다.

땀에 젖은 티몬이 들어왔다.

"선생님, 늦어서 죄송합니다."

뒤를 이어 아크만이 들어왔다.

"선생님, 늦어서 죄송합니다."

매트가 들어왔다.

시계가 13시가 되었다.

그런데 그 순간 교실의 공간에 거대한 섬광이 반짝였다. 섬광은 강의실 전체를 환하게 비추어 프로도샘, 써메이션, 티몬, 아크만, 매트는 팔로 눈을 가렸다. 강의실 가운데에 태풍의 눈과 같은 거대한 빛의 나선 소용돌이가 나타났다. 빛의 소용돌이가 몇 번을 돌더니 속도가 줄면서 서서히 나선계단이 보였다. 그 계단은 가늠할 수 없는 깊이까지 계속된 듯 보였다.

이 모든 상황의 영문을 알지 못하는 아이들은 그저 멍하니 그 광경을 지켜봤다. 마지막으로 강의실에 I가 들어서자 이 회전 나선계단으로 세상의 모든 숫자들이 서로 나선을 이루며 그 통로로 빨려 들어갔다. 이윽고 아주 짧은 시간에 다시 흘러 나왔다. 그리고 그 나선계단의 끝에 어렴풋이 생텍쥐페리의 모습이 보였다. 생텍쥐페리와 프로도샘은 계단의 끝에서 서로 아련하고 깊이 있는 눈빛을 주고받았다. 두 사람은 그대로 자신의 위치를 지켰다.

거대한 빛의 소용돌이는 한참을 돌다가 아까부터 강의실 밖에서 지켜보던 노마일샘을 빨아들인 후 아주 감쪽같이 사라졌다. 흔적도 없이 사라졌다.

어젯밤 꿈부터 지금 눈앞에서 본 엄청난 광경까지 아이들은 모두 할 말을 잃고 방금 사라진 빛의 나선계단이 있던 곳을 그저 멍하니 바라볼 뿐이었다.

써메이션은 프로도샘을 바라봤다. 이 상황을 설명해줄 수 있는 분이 프로도샘이라고 생각했기 때문이다.

'이 아이들에게 이 모든 일의 시작과 끝을 어떻게 말해주어야 할까?'

프로도샘은 깊은 생각에 잠겼다. 그리고 MATHeARTH에 있는 자신들의 조상들을 향하여 마음속으로 기도를 했다.

'부활의 수 6174로 인피니트족과 매스티치족은 다시 부활했습니다. 감사합니다. MATHeARTH는 과거의 균형을 되찾게 되었습니다. 감사합니다. 미션은 달성했지만 저는 여기 그대로 남아 저의 철학을 믿어준 학생들과 함께하겠습니다. 여기서 제가 할 일을 계속하며 남은 생을 보내겠습니다.'

기도를 마친 후 프로도샘은 입을 열었다.

"여러분은 지금 인피니트(무한)가 춤추는 장면을 눈으로 봤습니다. 이 수업의 시작을 알리는 퍼포먼스지요! 무한을 자유롭게 다룰 수 있는 자가 결국 수학을 잘하게 됩니다. 수학의 본질은 자유로움에 있습니다. 그 무한의 자유를 오늘부터 즐겨볼까요? 그 수업의 주인공은 여러분입니다."

프로도샘의 여름방학 수업이 시작되었다.

에필로그

∵

2015년 7월 20일 선생님의 그림일기 앞에 적힌 이름은 I였다. I의 뒤를 이어 책을 본 아이는 써메이션이었다. 그 둘과 MATHeARTH의 운명은 이미 예전부터 이어져 있었다.

I는 프로도샘의 철학을 이어받아 수학교사가 되었다. 학생들이 수학을 좋아할 수 있도록 하루하루 헌신적으로 노력하고 있다.

"우리 조상 중에 말이야, 수학시간에 쫓겨난 분이 계셨는데 그때부터 우리 집안은 유전자 대대로 수학을 증오하게 되었대."

'내가 필요한 아이가 또 생긴 것 같군!'

I는 교실에서 아이들이 주고받는 이야기를 들으며 미소를 짓고 있다.

프로도샘의 헌신적인 노력으로 부활의 수를 채운 MATHeARTH는 다시 수학을 즐기는 세상이 되었다. 그리고 버뮤다지대의 알 수 없는 비밀통로로 그 기운은 전해져 우리가 사는 세상도 그렇게 되었다.

써메이션이 그랬던 것같이 친구처럼 늘 함께 놀 수 있는 반려숫자도 등장하고 꼭 수학과 관련된 직업을 얻거나 입시를 위해서가 아니라 생각하는 힘을 기르고 논리적인 사고력을 기르기 위해 취미로 수학을 즐기는 세상이 되었다.

그리고 이 책의 마지막 장을 넘기는 사람도 수학을 즐기는 사람 중의 한 명으로 기록되었다.

작가 후기

∵

매년 우리나라 어디에서나 수학 수업의 첫 시간이 시작됩니다. 운동선수들이 동계훈련을 통해 체력을 단련하고 충분한 연습을 하며 각자의 스포츠종목 대회를 준비하듯 많은 대한민국 학생들은 방학 동안 자신이 앞으로 배울 수학 지식을 미리 익히는 시간을 보낸 후 수학 수업의 첫 시간을 맞이합니다.

"과연 수학 공부는 왜 할까요?"

그에 대한 답은 사람마다 다릅니다. 아주 거창할 수도 있고 아주 소박할 수도 있습니다. 누군가는 시험을 잘 봐서 좋은 학교에 들어가려고요, 이렇게 말할 수 있습니다. 또 누군가에게 수학 공부는 각자의 인생철학을 바탕으로 인생을 끌어가는 사고방식일 수도 있습니다. 그것이 무엇이든 소설 속에 나타나는 수학을 바라보는 서로 다른 관점은 그 자체로 존중받아야 합니다. 어느 누가 옳다는 정답은 정해져 있지 않습니다. 다만 각자가 생각한 결론이 무엇을 향해가든 근본적인 물음에 대해 생각해보며 수학의 첫 1교시를 맞이하는 것은 꼭 필요하다고 생각합니다.

수학 공부를 하면서 그 물음에 대한 각자의 답을 계속해서 생각하고 수정해가는 생각의 끈을 이어가기를 바랍니다. 각자의 인생에서 수학 공부를 마칠 때 최종적으로 어떤 답을 하게 될지 자신들만의 철학을 완성해간다면 맹목적으로 수학을 공부하는 사람들과 결코 작지 않은 차이를 만들 거라 생각합니다.

소설 속 주인공들은 우리의 교실에 있는 누군가의 모습을 닮았습니다. 혼자서 모든 것을 해결할 수 있는 영웅과 다릅니다. 시행착오를 통해 문제를 해결하기 위해 서로의 지혜를 모으는 모습은 수학의 역사에서 보이는 인간적인 모습과 같습니다. 서로의 생각을 나누고 개선하며 주어진 문제를 혼자가 아니라 함께 풀어가는 모습이 아름답습니다. 그 우정은 수학의 미로를 넘어 우리에게 주어지는 인생의 미로를 헤쳐가는 바탕이 되리라 생각합니다.

이 소설은 프로도샘과의 수학 첫 번째 수업시간이 시작되기 전에 일어나는 이야기입니다. 이 소설의 진짜 이야기는 여러분이 책을 다 읽고 덮는 순간 여러분 각자의 삶에서 시작될 것입니다.

그리고 비밀을 말씀드리자면 작가인 저는 노소트족입니다. 다만 저는 주변에 좋은 친구들이 있을 뿐이지요. 이것은 이 책의 가장 큰 반전입니다. ^^

작가가 들려주는

책 속의 수학 SECRET

1944년 7월 31일과 회문숫자 121

"내 비밀은 이런 거야. 매우 간단한 거지.
오로지 마음으로 보아야만 정확하게 볼 수 있다는 거야.
가장 중요한 것은 눈에는 보이지 않는 법이야."
-『어린 왕자』 중에서 -

『어린 왕자』의 작가 생텍쥐페리는 1944년 7월 31일 오후 비행을 나갔을 때 실종되었다. 생텍쥐페리가 실종 당시 조종했던 비행기는 P38 라이트닝기였다. P38의 38을 거꾸로 한 수에 더하면 121(38+83)이 되는데 121은 1001, 2112와 같이 앞에서 보나 뒤에서 보나 같은 숫자의 배열을 이루는 **회문숫자**이다. 아래는 회문숫자로 이루어진 수 피라미드의 일부이다.

$$\begin{aligned}
1^2 &= 1\\
11^2 &= 121\\
111^2 &= 12321\\
1111^2 &= 1234321\\
11111^2 &= 123454321\\
111111^2 &= 12345654321\\
1111111^2 &= 1234567654321\\
11111111^2 &= 123456787654321\\
111111111^2 &= 12345678987654321
\end{aligned}$$

우리 주변에서 회문숫자를 찾아보자.

11과 소수

11의 약수는 1, 11이다. 11처럼 1과 자신만을 약수로 갖는 수를 **소수**라고 한다.

가장 작은 소수는 2이고 소수의 개수는 무한함이 증명되었다. 이 책이 발간된 해인 2017은 306번째 소수이다. 소수에도 메르센소수, 쌍둥이소수, 사촌소수. 섹시소수 등 사람들의 흥미를 끄는 다양한 종류가 있다. 수학의 영어 단어인 MATHEMATICS는 11개의 철자로 이루어져 있으며 이 소설에 등장하는 11명의 학생을 이끈 모티브가 되었다.

지금까지 발견된 가장 큰 메르센소수는 무엇일까? 소수는 어디에 쓰일까?

노마일샘의 연구실 496호

496의 약수는 1, 2, 4, 8, 16, 31, 62, 124, 248, 496으로 자신을 제외한 약수를 더하면 496이 된다. 이러한 수를 **완전수**라고 한다. 노마일샘은 겉으로는 누구에게나 완벽한 교사로 보이기 때문에 그의 특징을 완전수에 나타내기 위해 이를 연구실 번호로 했다.

큰 수의 약수를 구할 때는 작은 자연수부터 일일이 나누어 찾는 시행착오 방법보다는 소인수분해를 이용하면 좀 더 체계적으로 빠짐없이 찾아낼 수 있다. 496을 소인수분해하면 $2^4 \times 31$이 되고 2^4의 약수인 1, 2, 4, 8, 16과 31의 약수인 1, 31의 곱으로 약수를 찾아낼 수 있다.

×	1	2	4	8	16
1	1	2	4	8	16
31	31	62	124	248	496

또 다른 완전수로는 무엇이 있을까?

부활의 수 6174와 프로도샘의 연구실 495호*

이 소설에서 프로도샘이 인피니트족과 매스티치족을 부활시키기 위해 완성해야 하는 6174는 **회생숫자**라고 불린다. 6174는 인도 수학자 D. R. 카프리카가 발견하여 **카프리카 상수**(Kaprekar constant)라고 한다. 숫자가 하나로 이루어지지 않은 네 자리 숫자를 아무거나 떠올린 후 큰 순으로 배열한 수에서 그 역순으로 배열한 수의 차를 같은 방법으로 구해 나가보면 마지막엔 모두 6174가 되는 알고리즘이다.

다음은 네 자리 수에서 카프리카의 수를 만드는 방법이다. 이것을 카프리카 루틴(Kaprekar routine)이라고 한다.

· 숫자 하나로만 이루어지지 않은 네 자리 숫자를 정한다. (예: 1000은

*
1) https://ko.wikipedia.org/wiki/%EC%B9%B4%ED%94%84%EB%A6%AC%EC%B9%B4_%E83%81%EC%88%98
2) https://plus.maths.org/content/os/issue38/features/nishiyama/index
3) http://clipbank.ebs.co.kr/clip/view?clipId=VOD_20140912_A0033

인정하되, 1111은 인정하지 않는다.) 첫 자리에 0이 와도 무방하다.

· 이 숫자를 크기 순으로 배열하여 두 수를 만든다. 하나는 큰 순, 하나는 작은 순으로 배열한다.

· 큰 쪽에서 작은 쪽을 빼준다. 이때 나온 0은 유지한다.

· 이 과정을 반복하면 7번 이내로 6174가 나온다.

· 6174로 이 과정을 실행하면 다시 6174가 나온다.

예를 들어, 5183로 이 과정을 수행하면 다음과 같다.

$$8531 - 1358 = 7173$$

$$7731 - 1377 = 6354$$

$$6543 - 3456 = 3087$$

$$8730 - 0378 = 8352$$

$$8532 - 2358 = 6174$$

프로도샘의 연구실 호수를 나타내는 495는 세 자리 숫자의 회생숫자이다. 이는 부활의 수, 6174를 달성해야 하는 프로도샘의 운명을 담아 설정한 번호이다.

회생숫자와 같이 특이한 숫자로는 무엇이 있을까?

495호와 496호

노마일샘과 프로도샘의 연구실은 바로 인접해 있으면서도 둘은 서로 깊이 있는 이야기를 나누지 않는다. 이는 물리적 공간이 가까워도 각자의 교육철학에 대한 긍정적 비판과 토론과 같은 진정한 소통이 이루어지기 어려운 학교구조 속 선생님들의 상황을 상징한다.

🔊 내가 만나고 싶은 선생님은?

파이(PI)와 7. 22

원의 반지름을 r, 그 원주(원의 둘레)를 l이라 하면, 원주 l과 지름 $2r$의 비는 반지름의 길이에 관계없이 일정한 값을 갖는다. 이 값 $\frac{l}{2r}$을 **원주율**이라고 하며, 둘레를 뜻하는 그리스어 περίμετρο(perimeter)의 머리글자를 따서 그리스문자 π(파이)로 나타낸다. π를 소수점 아래 20자리까지 나타내면 3.14159265358979323846…이다. 일반적으로 π의 근삿값으로는 3.14, $\frac{22}{7}$ 등을 사용하다보니 매년 3월 14일 또는 7월 22일에 π를 기념하는 파이의 날 행사를 열기도 한다.

파이의 날에는 기념하는 노래를 부르거나 파이의 불규칙한 소수를 누가 가장 많이 외우는지를 겨루는 파이 암기왕 대회 등을 비롯하여 다양한 행사를 진행한다. 기념으로 애플파이 또는 체리파이 등을 만들어 먹기도 한다. 이 소설에서는 파이쿠키가 파이미로에 빠지게 하는 역할을 한다.

🔊 파이의 역사에 대해 살펴보자.

파이와 생일

구글에서 pi와 birthday를 키워드로 검색하면 파이의 무한하고 불규칙한 수의 배열에서 생년월일의 배열을 찾는 프로그래밍 사이트를 쉽게 찾아볼 수 있다. 무한한 그 배열 어딘가에 내가 태어난 생일이 존재한다고? 자신의 생일 배열에서 무한의 무한한 루프를 빠져나올 수 있을 거라는 작가의 상상에서 소설 『파이미로』는 시작되었다. 우리 중 누구도 무한을 본 사람은 없다. 책을 보는 사람마다 각자가 상상하는 파이미로를 자유롭게 떠올려 보시라.

· 나의 파이 배열 찾기 ↠ http://www.mypiday.com/

· I의 생일 30506을 입력하면 파이 배열에서 다음과 같은 결과가 나온다. ↠ http://www.mypiday.com/results/?date=3-05-06&ck=c443110c

내 생일은 파이 배열의 몇 번째에 나타날까?

파이와 I

파이미로의 결정적 해결에 도움을 주는 I(아이)는 원래 허들 육상 선수였다가 부상으로 다시 공부를 시작한 학생이다. 시험성적은 높지 않고 수업시간에 배운 내용을 한 번에 알아듣지 못해 늘 수학에 자신이 없지만 누구보다 수학을 잘하고 싶은 마음이 크다. 그러나 수학 문제를 천천히 생각해가며 한 단계, 한 단계 해결하는 과정에서 허들을 넘으며 느꼈던 성취감을 느낀다.

파이와 아이의 라임(rhyme)을 맞추어 사실 이 미로를 해결하는 핵심 인물 중 하나가 가장 평범한 I(아이)임을 넌지시 알려주고 싶었다. 그리고 그 I(아이)는 책을 읽는 우리 모두임을 중의적으로 나타내고 있다.

수학은 나에게 어떤 과목일까?

써메이션

써메이션의 캐릭터에는 작가가 만났던 수학실력이 출중했던 아이들 여러 명이 녹아 있다. 숫자와 공식을 보면 한껏 즐거워하고 감탄하여 주변 친구들에게 눈을 반짝이며 자신이 경험한 것을 설명하던 아이. 이야기를 듣던 친구들은 그가 무슨 말을 하는지 이해하지는 못했어도 누군가가 무엇에 푹 빠져 있을 때의 모습이 아름답다는 것을 배웠다. 그 아이는 자신의 소질을 살려 고등학교에 진학했다. 때로는 어떤 아이의 특별한 점이 또래 아이들에게 놀림이 되기도 하는데, 그런 모습을 녹여보려 했다.

소설에서 써메이션은 자신의 순수한 수학에 대한 열정으로 알게 된 사실을 친구들에게 기꺼이 나누어주고, 그 이야기를 전해 들은 친구들이 파이미로를 탈출하여 프로도샘의 미션을 완성할 수 있게 된다.

수학과 관련된 자신만의 특별한 이야기(흑역사, 자랑 등)는?

EXFILBRA 72

지금의 페루지역 잉카인들이 1500년경에 사용한 결승문자이다. 끈에 매듭을 묶어 숫자를 비롯한 여러 가지 정보를 기록하고 전달했다. 매듭의 크기와 위치 색깔에 따라 갖가지 수의 양을 표현하였다.

인도-아라비아 숫자를 사용하기 전, 인류는 어떻게 수를 기록했을까?

야코포 데 바르바리의 <루카 파치올리의 초상>

'천재의 스승은 누구였을까? 그리고 나는 어느 누군가의 스승으로 기억될 수 있을까?' 교사 생활을 하며 이런 질문을 늘 품고 있던 중에 〈루카 파치올리의 초상〉(1495년)이라는 작품을 만났다. 그림 속 수도사는 파치올리로 다빈치에게 수학을 가르쳐준 스승이다. 그림 속에는 정12면체와 26면체가 있고, 그가 보고 있는 책은 유클리드의 『원론』이다. 이처럼 미술 작품 속에 숨은 수학 이야기를 찾아내거나 그림을 수학적으로 분석하는 일은 흥미롭다.

미술 작품 속에서 수학을 찾아보자.

여름방학

한 시간 수업을 중학교 기준 45분이라 하면 일주일에 4번씩 1학기 17

주로 계산하면 3060분을 우리는 수학시간으로 만난다. 이는 51시간으로 고작 이틀하고 세 시간이 넘는 시간이다. 하지만 방학은 최소 2주가 넘는다. 방학 기간에는 우리가 한 학기 동안 수업에서 수학을 접한 시간보다 훨씬 많은 시간이 주어진다. 이는 학기 중에 미처 따라가지 못했거나 이해하지 못한 내용도 충분히 보충할 수 있는 시간이다. 그렇기에 이 시간을 현명하게 잘 활용하는 것이 중요하다.

그 많은 시간을 집과 학원을 오가며 선행학습을 하는 데만 사용할지 아니면 학습은 물론 청소년기에만 표현할 수 있는 감성적인 상상력을 키우는 시간으로 함께 꾸려나갈지 진지한 고민이 필요하다. 이 소설의 배경인 여름방학에 MATHIS는 아주 짜릿한 경험을 했다. 책을 읽은 청소년들도 매년 돌아오는 여름방학, 겨울방학 때 잊지 못할 경험 하나쯤은 꼭 했으면 좋겠다.

마음속에 담아둔, 방학 때 하고 싶은 모험이 있다면?

수학과 진로: 수학 공부를 하는 또 하나의 길! 수학 콘텐츠 창작자

문화산업이 성장하면서 방송, 영화, 공연, 애니메이션, 게임 등에 스토리를 제공하는 방송작가, 시나리오 작가, 만화가 등 콘텐츠 창작자의 전망이 밝아지고 있다. 대중의 지적 욕구와 호기심이 다양해지면서 참신하고 흥미로운 콘텐츠를 발굴하기 위한 영역이 과학, 수학과 같은 전문분야로 확장되고 있다.

수학에 대한 폭넓은 교양을 담은 『걸리버 여행기』부터, 인물간의 대화에 수학적 유머를 재치 있게 담아낸 『이상한 나라의 앨리스』, 전 세계인의 베스트셀러가 된 『다빈치 코드』까지, 어렵게만 느껴졌던 과학, 수학을 이해하기 쉽고 흥미진진한 스토리로 담은 작품들이 시대를 초월하여 대중의 많은 사랑을 받고 있다. 수학을 어려워하는 딸을 위해 수학 문제를 아름다운 시로 표현한 수학자 바스카라의 저서 『릴라바티』는 수학에 스토리를 담아 재미와 감동을 준 대표적인 작품이다.

우리나라에 소개된 수학 콘텐츠를 보면, 국내 창작물보다 외국 작가의 번역 도서가 다수를 차지한다. 세계 어느 나라보다 수학 공부에 열정을 쏟는 우리가 세계를 향해 이제 새롭고 의미 있는 수학 콘텐츠를 만들어내야 할 때는 아닐까? 수학은 의외로 여러 갈래로 진로 모색을 할 수 있는 다채로운 학문이다!

🔊 수학을 공부하면 어떤 직업을 가질 수 있을까?

파이미로

1판 1쇄 펴냄 2017년 10월 25일
1판 8쇄 펴냄 2022년 12월 27일

지은이 김상미

주간 김현숙 | **편집** 김주희, 이나연
디자인 이현정, 전미혜
영업·제작 백국현 | **관리** 오유나

펴낸곳 궁리출판 | **펴낸이** 이갑수

등록 1999년 3월 29일 제300-2004-162호
주소 10881 경기도 파주시 회동길 325-12
전화 031-955-9818 | **팩스** 031-955-9848
홈페이지 www.kungree.com
전자우편 kungree@kungree.com
페이스북 /kungreepress | **트위터** @kungreepress
인스타그램 /kungree_press

ISBN 978-89-5820-489-3 03410

책값은 뒤표지에 있습니다.
파본은 구입하신 서점에서 바꾸어 드립니다.